那些你以为地球人都知道的事情：

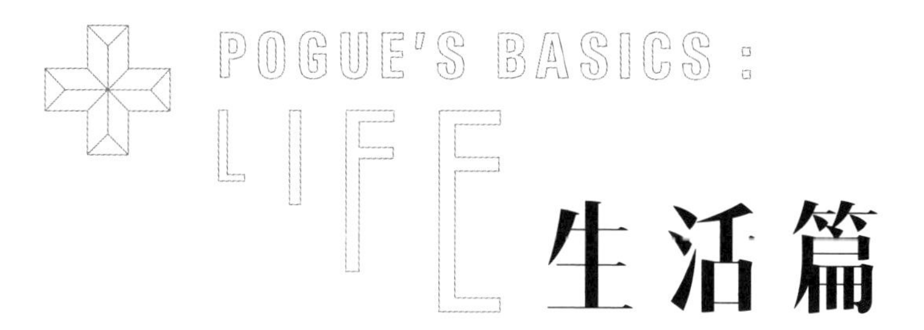

生活篇

后浪出版公司

［美］大卫·波格 著
DAVID POGUE
刘清山 译

江西人民出版社
Jiangxi People's Publishing House
全国百佳出版社

致那些教会我所有基本生活知识的人：

尼基（Nichi）、凯尔（Kell）、蒂亚（Tia）、

杰夫（Jeff）、简（Jan）、辛迪（Cindy）、妈妈

以及推特

目　录

引　言

要想精通某件事情，你需要时间。想想看，要想成为专业的心脏外科医生、蛋糕师或者班卓琴演奏家，人们需要花费多少时间？

在学习过程中，老师会将他们在多年培训中学到的知识传授给你，你有时也会有自己的发现。在你的一生中，在你成为专家的过程中，你会积累各种琐碎的建议、捷径和重要知识。

实际上，日常生活所需要的技艺并不比开展心脏病手术或演奏班卓琴简单。不过，对于日常生活来说，我们并没有基本的培训课程或者专项训练。食物、健康、穿衣、旅行、购物、社交、家庭布置——所有这些都是非常重要的技能，而且你需要亲身掌握这些技能。

真正掌握这些技能的人为此花费了多年时间。不过，很少有人能够做到样样精通。

本书的使命就是将前人终其一生所发现的所有重要生活技巧收集在一起。

你知道吗？你可以根据公路指示牌上出口号的位置提前判断出口坡道在路的哪一边。

你知道吗？如果你的蕃茄酱在瓶子里呈凝固状态，你可以转圈挥动手臂，使其流动起来。

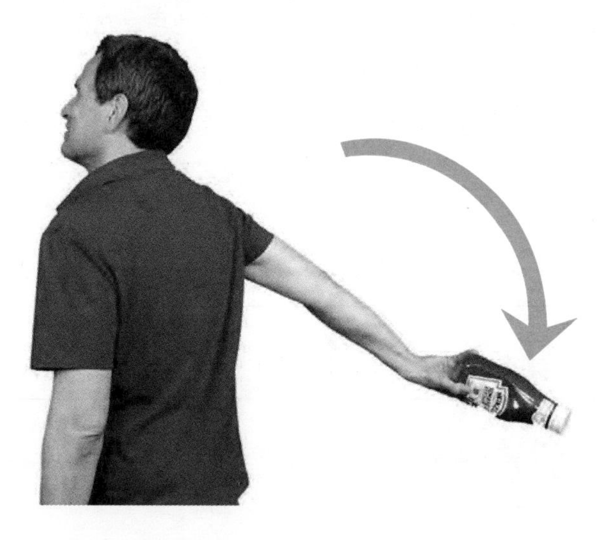

你是否遇到过手上没有老花镜的时候呢？如果你用手指圈出一个小孔，透过小孔看书，你就会吃惊地发现，你可以在没有老花镜的情况下看清小字。

这就是我们将要谈论的事情：小建议、小技巧和生活中的捷径。这些不起眼的科学方法可以在日常生活中取得令人吃惊的效果。有些知识可能并不像你想象的那样路人皆知。

你可能已经知道了其中的一些建议。没有问题，跳过这些建议，享受高人一等的优越感吧。

更多时候，你可能会发现，你可以在一些事情上做得更好——从而提高效率，节省成本，减少麻烦。

本书的诞生

多年来，在编写技术指导书籍的过程中，我经常发现人们在用错误的方式使用他们的设备，他们的方法笨拙而烦琐。

通常，我会忍不住说上几句。我会站出来，侵犯这些陌生人的隐私，向他们展示更好的做法。

不过，时间一长，我逐渐意识到，虽然人们不了解技术，但这并不是他们的错。毕竟，他们并没有上过一门叫做《手机介绍》的必修课，无法申请《现代平板电脑入门》课程，没有参加过“电子邮件训练营”。他们如何获知正确使用这些设备的基本技巧呢？

2013 年，我将自己最喜爱的十个科技建议放在一起，在 TED 大会（一个非常火爆的致力于科技、娱乐和设计的讲坛）的讲台上作了现场展示。TED 工作人员在 ted.com 上贴出了此次演讲的视频。

当我看到这个视频达到 450 万次点击时，我知道自己需要做点什么。所以，我将所有这些技巧写成了一本书——《那些你以为地球人都知道的事情：科技篇》。

你能猜到吗？这本书进入了《纽约时报》的畅销书名单！还上了电视！我的编辑还给了我一个热烈的拥抱！

但是，等一下。为什么要止步于科技呢？

这个世界充满了各种活动、过程和技能，我们所有人都需要以无人指导的方式随机探索。旅行、烹饪、穿衣、购物、驾车、保健……为什么不能有一个人将专家在这些方面提出的所有生活建议总结在一起呢？

因此，你看到了这本书——《那些你以为地球人都知道的事情：生活篇》。这部续篇的范围有所扩展，但它坚持了同样的理念：“下面是我们应该知道的最重要的技巧——你可能认为每个人都知道这些技巧，但事实并非如此。”

如果本书只能让你学到一个新的技巧，使你的生活变得更加简单……

那么，这本书算不上是一本特别好的书。

不过，你很可能会发现许多有用的技巧。

本书没有覆盖的内容

“哦，”人们说。“你是说，这是一本关于生活窍门的书？”

互联网上充斥着各种提供所谓“生活窍门”的网站和电子邮件。从原则上说，本书提供的正是生活窍门——使生活变得更加简单的聪明的小建议或小技巧。

不过，在实践中，网上流传的大多数窍门不是令人失望，就是毫无用处。原因如下：

它们根本不起作用。“如果你将上顿吃剩下的披萨和一杯水一起放在微波炉里加热，披萨的外壳就会变得松脆。”完全不是这样。（怎么可能？糊状的外壳来自过多的水分，而不是水分不足。）

它们很俗气。“只要将手机插进空的卫生纸纸筒里，你就可以放大手机的扬声器音量。”你真的会把手机放在卫生纸纸筒里吗？你不会。

它们浅薄得可笑。“为防止旅行时液体从瓶子里洒出来，你可以将它们放进密封的塑料袋里。”是吗？！

它们很愚蠢。“必要时，你可以将多力多滋作为引火物生火。”我是不会采用这种建议的。

本书没有采用的其他建议包括：只在某些时候适用于某些人的技巧（“要想止住打嗝，在脚趾之间放一枚硬币”）。很难证明的建议（“如果一边在户外散步一边开会，你可以产生更好的想法”）。属于良好的常识性生活模式但并不特别出人意料的建议（“面对服务员或办事员时，友好的微笑会让你获得更好的服务”）。

相反，本书为数不多的建议介绍了隐藏在我们眼皮底下的功能，许多人并不知道的功能，“人人都会用错”的功能以及巧妙、奇特、有用的建议。

而且，最重要的是，所有这些都是有效的。你可能不相信，我和我的团队在厨房、汽车和洗衣房里花了大量时间对这些建议进行测试，以确保它们能够实现应有的效果。

此外，我应该承认，我最精通的是技术，而不是日常生活。所以，在编写此书的过程中，我得到了许多帮助。我那聪明的妻子尼基（Nicki）、我那别出心裁的母亲以及我所信赖的朋友简·卡彭特（Jan Carpenter）和辛迪·洛夫（Cindy Love）都贡献出了自己的智慧，并且帮助我对其他人提出的建议进行了测试。

我还邀请我的推特粉丝分享他们自己在生活中用痛苦经历换来的忠告。在下面的内容中，你也会看到他们的贡献。我不仅标出这些建议的来源，而且向每位贡献者寄去了这本书的签名版样书。

开场白已经足够多了。让我们开始吧！

第一章

食　物

世界上有许多不同种类的食物，因此你有许多重要的基础知识需要学习。如何选择食物？如何知道食物是否成熟？如何烹饪？如何上菜？

还有，如何将蕃茄酱从瓶子里倒出来？

下面就是其中一些最精炼的信息。

提取蕃茄酱的古老印加仪式

根据部落中的传说（以及亨氏网站上的说法），印在亨氏蕃茄酱玻璃瓶上的数字57具有特殊的意义：只要用掌根在这个位置敲几下，你就可以让蕃茄酱流动起来。

（拥有5500种产品的亨氏为什么仍然在使用57作为营销数字呢？因为创始人亨利·海因茨[Henry Heinz]在1896年经常宣传他的“57个品类”。即使在那时，这家公司也已经拥有了60种不同

的产品。不过，海因茨先生认为57这个数字更加引人注目。)

提取蕃茄酱的科学方法

不是所有的蕃茄酱都来自亨氏，也不是所有的蕃茄酱都装在细长的玻璃瓶里。所以，当蕃茄酱装在其他容器里时，特别是当瓶子底部只剩下一点蕃茄酱时，你要怎样将其取出来呢?

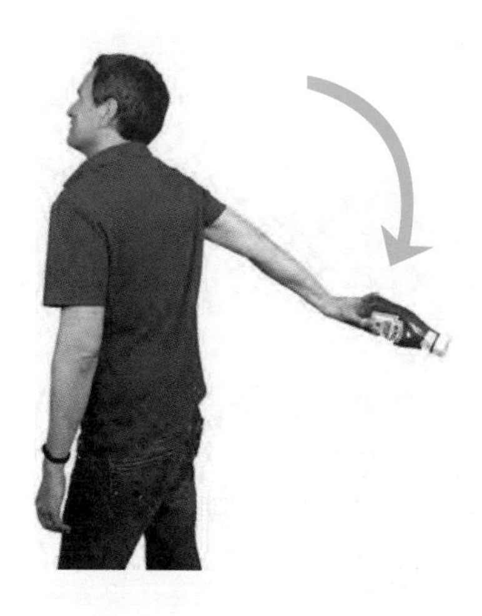

使用离心力。握住瓶子下部。确保盖子处于拧紧状态。伸直手臂将胳膊挥动一两圈。你会发现 (a) 蕃茄酱被推到了瓶子顶部，可以倒出来了，(b) 宴会上的其他人看着你笑。

具有肩肌劳损的人请注意：如果你很难将蕃茄酱的瓶子挥过头顶，或者这样做很疼，你还想要这种调味料吗？没用的家伙！

不，开玩笑的。你可以使用另一种离心力方法：将瓶子倒过来，放在汉堡上方，沿着小圈转动你的手。试着让蕃茄酱在瓶壁上做非常微小非常缓慢的移动。过一段时间，蕃茄酱就会像岩浆一样流下来。

将盛装蕃茄酱的杯子变大

许多快餐店或自助餐厅提供小型白纸杯。在上桌之前，你可以用分发器在纸杯里装上蕃茄酱或芥末。

经过仔细研究，你会发现关于这些纸杯的两个事实：

它们是用白纸做的，并且被折叠成了风琴褶的样式，以增加结构力量。

它们的容量很小。

这两个事实实际上是相互关联的。如果你拉开纸杯的边缘，解开褶皱，你就可以把纸杯变大，盛装更多配料。

想要和你共享薯条的朋友一定会对你的这种做法表示感激。

帮助天然花生酱使用者改变人生的建议

积富、小飞侠、四季宝等常规品牌花生酱在花生中添加了许多配料，比如糖、油、单甘酯、双甘酯等。

天然花生酱里只有花生，有时会添加盐，此外没有其他成分。一些人认为天然花生酱口味更好，更加健康。另一些人则认为使用天然花生酱是非常痛苦的，因为当你打开罐子时，花生酱上方会有一层花生油。在食用之前，你需要将油混合到花生酱里。这是一件棘手而肮脏的工作。

如果你将罐子倒过来存放，情况就不一样了！在这种情况下，油会升到罐子底部。你可以更加轻松高效地搅拌它——不会有油喷出来。

将黄油放在外面

从冰箱里拿出来的黄油又冷又硬，很难涂在面包上。最终，你会把面包撕开，而且无法将黄油涂抹均匀。生活很艰难，不是吗？

不过，解决方法简单得可笑：将黄油放在冰箱外面。将它放在桌面上。当你需要在某样东西上抹黄油时，你很容易够到它——而且它是软的。

你很可能会想："不行！它是乳制品！它会坏掉的！"

事实并非如此。细菌的繁殖需要水分——而黄油几乎完全由脂肪构成。它最初是奶油；随后，奶油经过了巴氏消毒，杀死了所有致病细菌。最后，大多数黄油中含有盐，这使细菌更加难以立足。

底线是：如果把黄油放在冰箱外面几个星期，它是不会让你生病的。

不过，如果你把它暴露在阳光和氧气之下，它最终可能会变味。因此，应该把它放在封闭而不透明的黄油盆里。

这个简单的改变会给你的生活带来巨大的快乐。

另一方面，你会加大黄油的使用量。

所以，你知道——你会变得更加快乐。

如何清洗新鲜的蘑菇

你当然应该在水里清洗蘑菇。

如果你是有经验的厨师，这种说法会让你手心出汗，眼前冒金星。几十年来，传统观点认为，蘑菇像海绵一样——如果你把蘑菇放在水里，它们就会吸收水分，无法正常烹饪。

“用潮湿的纸巾或柔软的蘑菇刷依次擦拭每个蘑菇，”美好家园网站目前是这样说的。“不要浸泡蘑菇，因为它们会像小海绵一样吸收水分。充满水分的蘑菇无法在烹饪时变成好看的棕色。”

事实并非如此。

《纽约时报》《卫报》、奥尔顿·布朗（Alton Brown）的电视节目以及许多个体厨师都做过对比试验，用水冲洗一半蘑菇，用手擦拭另一半蘑菇（当然是用“柔软的蘑菇刷”擦拭）。烹饪之后，这些蘑菇的外观和口味是一样的。

所以，全世界的厨师们，请用水冲洗吧。你们可以更快地完成烹饪。

巧妙的大蒜去壳法

你可能知道，大自然为大蒜提供了方便的包装：蒜皮，或者说蒜壳。不过，当你需要去皮时，你就会感到不方便了。

为什么不让大自然为你去皮呢?

将大蒜放在坚固而封闭的容器里——比如带有盖子的罐子，或者两个扣在一起的金属碗。用力摇晃 15 秒钟左右。

当你停下来的时候，你会发现，大蒜已经露出了身子，正在瑟瑟发抖，旁边是它被撕破的衣服。

将肉弄平

有经验的家庭食品供应商将绞碎的牛肉分装到一个一个的自封袋里，然后再进行冷冻。这些肉包未来很容易解冻和处理。(同样的原理也适用于蕃茄酱、饼干面团、炖菜等。)

真正有经验的家庭食品供应商在冷冻之前会将肉弄平。平整的包装更容易堆叠，冷冻和解冻也更加迅速。

更好的剥香蕉方法

在剥香蕉时，大多数人喜欢将香蕉柄当作拉环使用。有时，这种方法效果很好。但在很多时候，尤其是当香蕉有点青的时候，这种方法会把香蕉顶部碾成“婴儿食品”。而且，你需要将果肉上的一些筋线拣下来。

如果你从另一头剥香蕉，你可以避免这两个问题。

(大多数人认为香蕉的另一头是“底部”。事实上，香蕉是以束状从茎部向上生长的——所以，从技术上说，所谓的“底部”实际上是香蕉的顶部。如图所示。下次你去参加奇基塔公司宴会的时候，你就不会闹笑话了。)

捏一捏黑色的硬壳端点，然后将其撕开。现在，你可以将香蕉皮剥下来了。

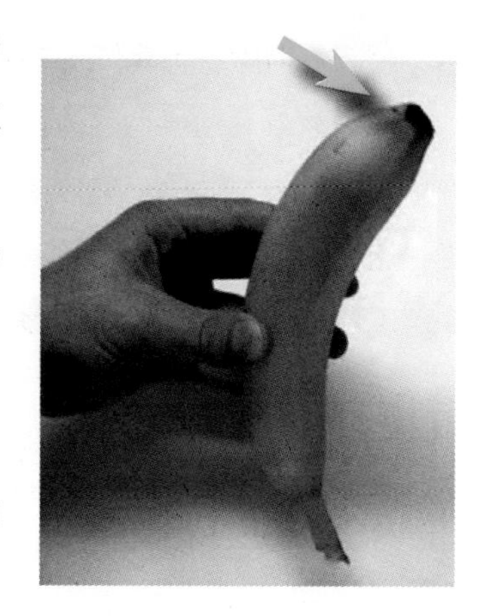

这种方法优于从香蕉柄那一头剥香蕉的传统方法，原因有三点：

你不会碾碎或碰伤第一口香蕉。

你不会遗留筋线！（它们会和香蕉皮一起被剥掉。）

当你一路吃向底部时，香蕉柄可以当作方便的把手。

（在互联网上，有的人说，猴子就是这样吃香蕉的——它们多聪明！事实上，猴子有时从底部剥香蕉，有时从顶部剥香蕉，有时从边上剥香蕉——这似乎完全取决于当时的具体情况，哪边方便就从哪边剥。显然，它们并不经常上网。）

切洋葱的基本知识

众所周知，切洋葱会释放一种叫做“顺式－丙硫醛－S－氧化物”的硫化物。这种物质以气体的形式上升到你的面部，使你的眼睛不受控制地淌水——你的身体在拼命地将这种酸冲洗出去。这就是你切洋葱时流眼泪的原因。

在互联网上，有一个适用于每个男人、女人和孩子的“如何避免洋葱泪”的建议：切洋葱时嚼面包，嚼口香糖，将勺子放在嘴里，只用鼻子呼吸等。

不过，科学告诉我们，下面的方法才是有效的：

使用锋利的菜刀。菜刀越锋利，你所切开的洋葱细胞就越少，你所释放的气体也就越少。

首先冷冻洋葱。将洋葱在冰箱里放上30分钟，或者在冷柜里放上10分钟。这样可以减少“顺式－丙硫醛－S－氧化物”的蒸发量。

将气体吹走。打开炉子的排风扇，放置一台移动式风扇，或者在切洋葱时轻轻向其吹气。

在砧板上开着细水流切洋葱。水流可以避免气体上升到你的面部。

对着蜡烛，尽可能小心地（安全地）切洋葱。不知为什么，火焰可以影响那些抵达你面部的硫空气分子。

最有效的方法：戴上泳镜。不过，这种做法一定会让那些从厨房经过的人投来诧异的目光。

你所不知道的保鲜膜转轴

保鲜膜包装纸壳的两端隐藏着一个不为人知的功能：小小的三角形纸壳标签。你应该将它们推进去。

你现在做出了一个轴，你可以用这个轴固定保鲜膜的滚筒，然后再去使用保鲜膜。

如何在碗里找到不太烫的食物

当碗里的食物——汤、辣肉酱、燕麦粥、芝士通心粉——刚刚出锅，温度很高时，你怎么办呢？大多数人只有一种策略：把每一口吹凉。

你还可以使用另一种方法：小口吃靠近碗边的食物。这里的食物总是比中间低上几度。在边缘，碗的深度比较浅，而且碗本身可以冷却它所接触到的高温物体。

认识鸡蛋的终极指导

你想知道鸡蛋的问题吗？它们有壳。你无法看到里面的情况。你怎么知道鸡蛋是否腐坏？是否煮熟？推特上的生活行家知道答案：

在工作台上旋转鸡蛋。如果鸡蛋能转起来，说明煮熟了。如果转不起来，说明是生的。(未煮过的鸡蛋里面是稀的，它们会来回晃动，对旋转产生阻力。煮过的鸡蛋则不会发生重心变化。) ——巴布·哈格曼

将问题鸡蛋放在一碗水里。如果它沉下去，说明它可以吃，即使过了纸箱上的保质期也没问题。如果鸡蛋已经腐败变质，它就会漂起来，因为里面会积累气体。(不太好的鸡蛋会立着触底。) ——杰伊·莱尔利

烹饪鸡蛋的终极指导

你想知道鸡蛋的好处吗？它们有壳。这是一种天然的保护。不过，要想将里面的柔软物质从壳里弄出来，你需要技巧：

- 你应该在平面上打碎鸡蛋壳，而不是在锅边、碗边或桌边打碎鸡蛋壳。这样一来，当鸡蛋壳打碎时，蛋黄不会溅出来，蛋壳碎片也不会掉到你的早餐里。——来自斯蒂芬·坎贝尔的建议
- 当你煮好鸡蛋时，你需要把壳弄掉。下面是最简单的方法。首先，在鸡蛋的赤道（中圈）附近打碎蛋壳。在案台上滚动，使碎纹更加细密。
  然后，剥下赤道上打碎的蛋壳，在中间留出一圈空白。此时，你可以一下子将顶部和底部的壳取下来。
  (顺便说一句：如果你在煮熟以后放在冷水里泡上几分钟，蛋壳和薄膜会稍稍分离，蛋壳会更容易剥落）——利昂·王(Leon Wong，音译)。

如何记住怎样摆放餐具

当你布置餐桌时，你可能知道，你应该将餐刀、餐叉和餐勺放在碟子两边。不过，如果你不是每天都做这样的事情，你怎样记住它们的位置呢？哪个在左边，哪个在右边？

餐具的顺序很容易记：它符合字母顺序！叉（Fork），刀

(Knife)，勺（Spoon）。

碟子两边的位置也很很容易记：叉子和左边（left）拥有相同的字母数量，刀子、勺子和右边（right）拥有相同的字母数量。不是吗？——罗伯特·鲁丁。

将液体从盒子里倒出来的正确方法

你的母亲可能对你说过："当你将液体从罐子里倒出来的时候，用开罐器在盖子两边弄出两个洞来。这样，当液体从一个洞出来时，空气可以从另一个洞进去。"

不过，你知道吗？同样的原理也适用于锡纸密封的硬纸板长方体盒子：肉汤、菜汤、杏仁奶、印度奶茶等。

如果你在纸盒顶部倾倒口的另一边戳出一个气孔，你可以更好地控制倾倒速度，更加稳定地倾倒液体。

如何熄灭口中的辣火

当你被一口食物辣到时，你感觉很糟糕，很痛苦。你的嘴里就像起了火一样，你希望立即将其扑灭。

遗憾的是，大多数人的直觉是大口喝水。当你真的遇到火灾时，你也是这样灭火的，对吧？

不过，对于辣火来说，这是最糟糕的灭火方式。辣味食物中的灼烧感是由辣椒中的一种油造成的，这种油叫做辣椒素。

油不溶于水。所以，如果你喝水（或者啤酒），你只会把这种火辣辣的化学物质冲到嘴里的其他地方。同样的道理，你无法用消防水管扑灭由化学物质导致的火灾——你只会把化学物质冲得到处都是。

那么，什么东西能够熄灭嘴里的辣椒素之火呢？脂肪、油、酒精，还有“吸收性”食物。例如：

乳制品。全脂奶、酸奶酪、黄油、酸奶油、冰淇淋。牛奶中的蛋白质和脂肪可以吸收辣椒油，将其冲走。

油性产品。在餐馆里，最容易获取的油性原料是花生酱和橄榄油。这些油同样可以吸收辣椒素，使其离开你的味蕾。

酒精。是的，酒精也能溶解辣椒油。不过，这里说的是高浓度酒精（比如伏特加），不是类似于水的酒精（比如啤酒）。

类似于海绵的食物。大米和面包等淀粉食物可以吸收辣椒油，使大量辣椒油离开你的身体，从而降低灼烧感。

然后，为了取得最佳效果，不要再去食用那种为你带来麻烦的食物了。

如何避免苹果变成棕色

一旦你将苹果的内部暴露在空气中，它们就会开始氧化——果汁中的一种酶与空气中的氧气发生反应，将白色的部分变成棕色。它不会对味道造成太大影响，但它的视觉效果不是很好，尤其是对于12岁以下那些挑剔的顾客而言。

实际上，科学家正在努力开发不包含变色化学物质、不会变成棕色的苹果新品种。在他们成功以前，你有两个选择：

不让切开的部分接触空气。如果你将一个苹果切成了薄片，你可以将其组装成原始形状，用橡皮筋将其绑在一起。由于不接触空气，苹果的果肉不会氧化。

使用古老的柠檬汁技巧。柠檬酸是一种抗氧化剂；它可以阻止苹果变成棕色。柠檬汁、酸橙汁、橘子汁和菠萝汁都含有丰富的柠檬酸。

你可以将这些果汁倒在或者洒在切开的苹果上——对于年纪比较小的人来说，菠萝汁通常会影响口感。你也可以将苹果片泡在装有防变色药水的碗里（在一杯水中加入一勺柠檬汁或酸橙汁）。

如果你经常遇到这个问题，你也可以买一种叫做“水果保鲜剂”的瓶装柠檬酸粉末，它是专门用来解决这个问题的。

所有这些技巧同样适用于其他容易氧化的水果，比如香蕉、梨、桃和鳄梨。

通用的厨房定时器

如果你有厨房定时器，这当然很好。如果你的智能手机上有定时器 app，这也很好。

不过，如果你什么都没有，你可以访问 Google.com。在搜索框中，输入“设置 5 分钟定时器”（Set timer for 5 min，或者你所需要的任何时间）。当你点击“开始”时，你可以看到一个倒计时。（如果你点击⌜⌟图标，计时器将填充整个屏幕，使你可以在屋子另一边——或者镇子另一边——看到计时器。）

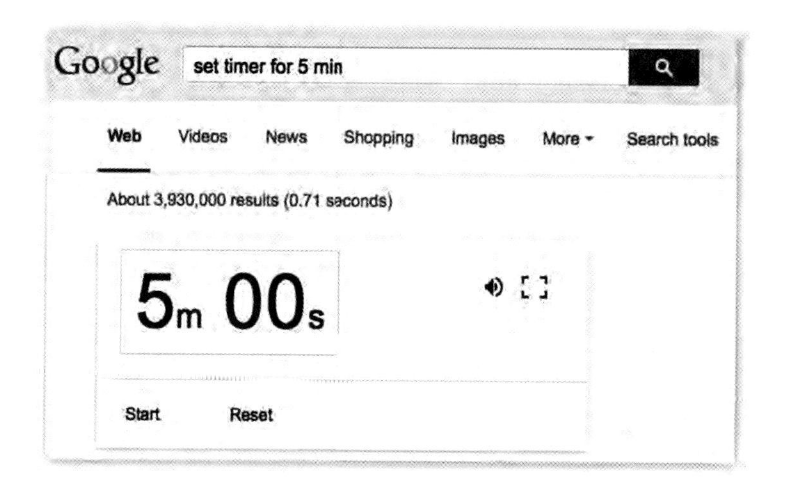

当计时器到达零点时，你的计算机/手机/平板电脑就会发出声音（除非你点击🔊图标使其静音）。

这也适用于棋盘游戏和家庭辩论。

开罐的基本知识

如果你似乎无法空手拧开非常严密的罐子，你可以使用下面这些屡试不爽的技巧。

将粗大的橡皮筋绕在盖子边缘。现在，你将变身超人，获得极大的转动力量。

将勺子楔在盖子边缘的下面。将勺子当作杠杆使用，将金属盖稍微向外拨动。和上一条技巧一样，这里的理念是破坏真空密封条。当封条发出“砰”的一声时，盖子就很容易拧下来了。

自信地用盖子的边缘敲击地板。如果你足够用力，你就会在金属盖上弄出一个几乎无法察觉的凹陷，使空气进入罐中，破坏真空密封条，从而轻松拧下盖子。

如何避免锅里的水溢出来

你知道人们在互联网上发来发去的那些愚蠢的“生活窍门”吧？其中有一条是值得学习的——这是一种方便快捷、真实有效的方法。

如果你将木勺横放在锅顶，锅里的水就不会溢出来。

这种方法为什么有效呢？有两个原因。首先，干燥的木头本身就可以打破泡沫中的小气泡。

其次，勺子比泡沫中的蒸气凉得多。当泡沫遇到木头时，蒸气会凝结成水，使泡沫破裂。

这就是你不能使用金属勺的原因；它会迅速升温，失去温度差异。

你也不应该使用塑料勺。它会溶解在锅里，使食物产生奇怪的味道。

挖掘坚硬冰淇淋的极其简单的方法

准备好了吗？

先将勺子在热水中泡一下。就这么简单。

你会发现，你的勺子可以像切割软冰淇淋一样切割硬冰淇淋。

如果你在吃硬冰淇淋，你最好在身边放一杯热水。这样，每当你吃完一口爽滑美味的冰淇淋时，你都可以将勺子在热水里蘸一下。

清理搅拌机的快捷方法

当你用搅拌机搅拌了一些美味的冰沙、煎饼面糊、鹰嘴豆泥、香蒜沙司、萨尔萨辣酱、鳄梨酱、沙拉酱或者橄榄酱时，你需要做一件不那么美味的工作：清理搅拌机。

不过，既然转动的绝命刀片可以将食物打成烂泥，它们也可以将搅拌机清理干净。

在搅拌机中倒入一半的水……加上一滴洗洁精……然后开动搅拌机。

然后用热水清洗。转眼之间，搅拌机就清理干净了。

涂抹果酱的巨大谎言

这个世界希望你相信这样一条真理：要想在面包上涂抹果酱、黄油和奶油干酪，餐刀是最好的工具。事实并非如此。

勺子是更好的选择。具体来说，是勺背。

首先，勺子的表面积更大，可以将压力分散开，不太容易撕裂面包，其次，当你需要在容器里舀出更多果酱或奶油干酪时——当然是勺子更好使。

应急柜台空间

你经常遇到这样一种情况：你希望自己拥有更多柜台空间。比如感恩节来了 20 个人，或者你住在纽约市的逼仄公寓里。

这就是抽屉和砧板的妙处。拉出一节抽屉，在上面搭上一个砧板，你立即获得了一个应急柜台空间。

冰箱里的转盘

当你极度无聊时，你可能会意识到，冰箱是你在家里最经常打开的箱子，但它却有三面是固定而不透明的，这是一种非常愚蠢的设计。由于这种古怪的设计，当你需要寻找某样东西时，你偶尔需要费时费力地努力在冰箱中搜寻。

转动的大浅盘——又叫“懒惰的苏珊”——是一种简单的解决方案。为什么人们不把它添加到冰箱的最初设计中呢？

拯救面包

从离开烤炉的那一刻起，面包就开始了流失水分的过程。如果你的一条面包正在变硬，你至少可以用下面的起死回生术让面包再坚持一天：

将面包放在水流中，认真冲洗，使外壳真正变湿。

将面包放在烤炉中的烤架上，以300度加热6到12分钟，具体时间取决于面包的大小和湿润程度。

神奇的事情发生了。在蒸气的作用下，面包内部变得柔软而湿润，在烤炉的作用下，面包外壳变得坚固而松脆。你可以用它做三明治了。

拯救绿叶蔬菜

莴苣、甘蓝、卷心菜、莙荙菜以及其他绿叶蔬菜过一段时间就会枯萎。它们会变暗变黏，不再新鲜。

枯萎

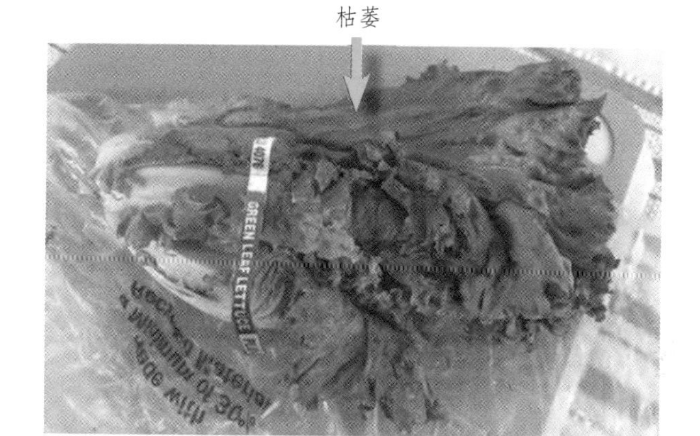

复苏！

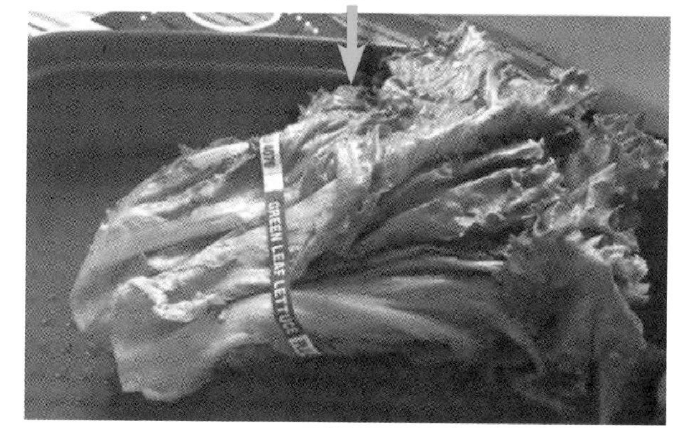

不过，它们并没有腐烂，它们只是脱水了。

你可以将其放在温水里浸泡半个小时左右，使其恢复生机，然后用冷水冲洗。你会对它们鲜嫩欲滴的样子感到震惊。

易拉罐：吸管固定器

这是一个古老而经典的互联网传说，它非常方便：

用易拉罐的拉环固定吸管，防止吸管从瓶子里掉出来。

如何用一根火柴点亮一堆蜡烛

很简单：使用一根没煮过的意大利面条。它就像一根长火柴一样，能够燃烧出均匀持久的火焰。它为你提供了足够的时间，可以从一个蜡烛移到另一个蜡烛，用一根面条点亮所有蜡烛。

当你需要点燃位于烤架、壁炉、烤炉或者火炉深处的引火物时，或者当你需要点燃位于容器底部的蜡烛灯芯时，你也可以考虑这种意大利面条火柴的方法。它就像一英尺长的火柴一样。

怎样才能维持黄瓜的饱满状态

如果你不把黄瓜放在冰箱里，它就会在48小时内变得柔软而令人厌恶。

如果你只是把裸露的黄瓜放在冰箱里，它就会变软变皱，失去清脆的口感和正常的味道。

如果你将黄瓜套在塑料袋里，然后放在冰箱里，黄瓜就会在几天的时间里变黏。

正确的做法是将黄瓜包在纸巾里，然后套在塑料袋里，最后放进冰箱里。即使存放一周，黄瓜仍然可以保持完美的外观、触感和口感。

令人难以置信的是，这种纸巾技巧也适用于黄瓜的切口。如果用纸巾压住切口，切口就不会变黏或变软。这是现代科学的奇迹。

(这种纸巾技巧也适用于切开的莴苣。你甚至可以将纸巾盖在那种杂货店里卖的即食混合沙拉的透明塑料容器顶部，防止其变黏。)

存储结晶蜂蜜

首先，蜂蜜瓶里出现结晶并不意味着蜂蜜已经变质；它和电池之类物品上的结晶不一样。蜂蜜结晶是正常的——如果天气变冷，蜂箱里的蜂蜜也会结晶。

结晶表示组成蜂蜜的两种糖（葡萄糖和果糖）出现了分离。结晶速度取决于容器（玻璃瓶结晶较慢）、橱柜的温度（低温可以加速结晶）以及蜂蜜是否得到了过滤（过滤会降低结晶的可能性）。

不管怎么样，要想把蜂蜜重新混合在一起，方法很简单：加热。你可以在微波炉里加热（第一轮先试 15 秒），或者将蜂蜜瓶放在热水里浸泡几分钟。

一旦蜂蜜冷却，它又会结晶。经过几轮加热 / 冷却之后，蜂蜜就会失去原有的气味和味道。因此，最好的方法是需要多少就加热多少——或者学着接受结晶蜂蜜。

是的，一些人更喜欢结晶蜂蜜；它的味道不错，而且不会向下滴。实际上，在全世界范围内，更多的人购买的是工厂结晶的蜂蜜（添加奶油、旋转、搅打或搅拌等形式），而不是流体蜂蜜。

购买这些容器，赞美科学之神

总体而言，这本书非常小心地回避了购物方面的建议。这是一本智慧之书，不是一本代言书。

不过，你应该购买下面这些东西。你的生活将得到巨大的改变。

它们是带有密封盖的玻璃碗，是一组具有各种不同尺寸产品。你可以将这些碗作为微波加热、上菜和冷冻的容器——最重要的是，你可以用它们盛放剩饭。换句话说，吃完饭以后，你只需要洗一个碗，而不是三四个碗。

盛装剩饭的功能是最棒的。你不需要使用任何保鲜膜，加重垃圾场的负担，因为容器的盖子是密封的——当这些碗放在冰箱架子上的时候，你可以看到里面的东西。而且，它们可以整齐地叠放在一起。

它们有许多品牌：Anchor、Pyrex、Snaplock、Kinetic、乐柏美。所有这些品牌都可以用同一个容器进行冷冻、微波炉加热、食用和清洗。

每个厨师都应当拥有这样一套容器。

第二章

家居生活

你着装、驾驶、工作和购物，辛苦劳碌了一整天——由于本书揭示的秘密，这种辛苦有所缓解——现在，没有什么比回到自己的家庭港湾更让人惬意的。

不过，即使在这里，在你最为熟悉的房间里，你也需要了解一些知识，更加高效地完成一些任务。下面就是我所积累的家庭捷径，其中既有在工具上省钱的方法，也有几个巧妙的绝招。

你的热水器正在浪费金钱

在家里烧水需要花费金钱和能源，对吧?

没错。因此，如果你在家里烧水时使用的温度高于你在淋浴时能够忍受的温度——这很可能是事实——你就是在浪费金钱和能源。

检查淋浴器上的温度旋钮。如果它没有被一直转到“热”的位置，这说明你在浪费金钱。

走进地下室、洗衣房或者你放置热水器的任何其他位置。将恒温器调低一点。大多数制造商建议将其保持在50和60摄氏度之间——但即使你调到50摄氏，它也可能高于你所真正需要的温度。

你可能需要经过一两次洗浴才能找到理想温度。不过，当你看到新的天然气账单、燃油账单或电费账单变便宜时，你会产生一种温暖的感觉。

既然你已经学会了如何调整热水器，所以下次度假时，别忘了将温度调低。为无人居住的房子烧水是没有意义的。

迅速使剪刀变锋利的方法

在砂纸上剪几下。剪刀可以立即变快！

反击剃须刀行业的阴谋

你听过“赠送喷墨打印机，销售墨盒”的古老说法吧？没有人比剃须刀行业更加重视这个道理。如今，剃须刀刀片盒昂贵得令人难以置信——例如，12 个 Mach 3 刀片盒需要 30 美元——而且这些刀片得到了精心设计，需要以频繁的速度更换。

根据吉列的说法，每五个星期，你就需要扔掉这个宝贵的刀片盒。根据使用者的说法，这个时间还要更短。实际上，大多数人发现，每个刀片只有前几次刮脸时能够真正把脸刮干净。

不过，真正令人吃惊的是，你的剃须效果之所以变差，不是因为刀片正在变钝，而是因为刀片正在生锈。

当你使用完剃须刀时，沾水的金属刀片会被空气氧化——它们会以极其细微的速度生锈。不久，生锈的金属边缘开始脱落，于是，刀片开始变钝。

如果你能避免这种反应，你就能让刀片盒维持更长的时间。

你可以做到这一点。只须在每次剃须之后将剃须刀完全弄干。你可以通过几种方式做到这一点：

使用吹风机或风扇。

甩掉刀片上的水，然后将剃须刀头放在外用酒精中涮动。（用小的拉盖塑料储藏盒盛装酒精。）酒精可以冲掉水分子，然后迅速蒸发。

这种干燥刀片的做法至少可以将使用时间延长两倍；根据一些人的说法，他们可以使用更长的时间，几个月都不用更换。

将肥皂合体，以节省资金

可怜的皂条。在它的一生中，它会经历一次又一次的淋浴，身体越来越瘦，越来越小，直到没有人能在淋浴时抓住它。随后，它会长眠于垃圾场。

不过，精明的洗浴者设计出了一种更好的方法。当一条肥皂变成一个薄片时，将其（在沾水的情况下）按在一条新的（沾水的）肥皂上。两个肥皂可以很好地融合成一个肥皂块，你完全可以用它来洗澡。你可以节省金钱、肥皂和垃圾场空间。

古老的碎灯泡土豆方法

正常工作的灯泡经常会被打碎。当孩子在室内抛球时，这是一种常见的意外情况。

或者，你想更换烧坏的灯泡——但它是很久以前安装的，并且由于腐蚀卡在了灯座里，当你用力转动时，你把灯泡捏碎了。

现在，灯座上只剩下了带有锋利的锯齿状玻璃碎边的金属灯泡底座，它很难拆下来。

如果你问距离你最近的爷爷，他可能会让你使用古老的“半个土豆”方法。

古老的“半个土豆”方法。首先，关掉灯座电源。关掉相应的断路器，如果你能知道是哪一个断路器的话。土豆无法将你与灯座上的电流隔离开。

现在，将爱达荷土豆切成两半。将其完全烘干，尤其是切面。

握住有皮的球形部分，将土豆切面按进被打碎的灯泡里。此

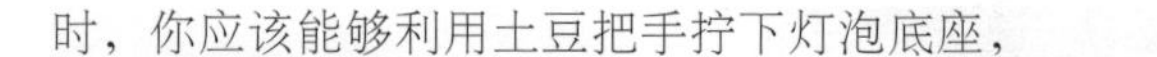
时，你应该能够利用土豆把手拧下灯泡底座，

这种“半个土豆”古老方法的问题在于，如果不注意，你可能会把土豆汁留在灯座上。这可能导致更多腐蚀，使这个噩梦不断重演。

因此，你永远不会看到电工手里拿着半个土豆。下面是不那么有趣但更加专业的方法：

尖头钳方法。用尖头钳夹住灯泡底座露出来的金属部分，手动将其拧开。你可能会将灯泡底座弄弯，但这没有关系。你再也不需要这个底座了。

而且，看在上帝的份上，你应该为附近的室内运动制订一些规则。

利用植物油更好地铲雪

如果你在铁锹的锹背上涂抹防粘喷雾油，你会发现，当你铲雪时，雪不会粘在铁锹上。这可以为你带来更高的效率，减少不必要的麻烦。

橡皮筋和油漆罐的妙招

当你粉刷房屋或房间时，你经常需要在油漆罐里蘸刷子。大多数人蘸完油漆以后在油漆罐边缘将多余的油漆抹掉。问题是，这会使油漆沾在油漆罐边缘（你最后需要将盖子盖在这里），而且常常导致油漆滴到罐子外面。

一个更好的方法：用橡皮筋或胶带横跨在油漆罐的开口处。每次蘸完刷子时，在这里擦拭刷子。

你可以保持整洁的环境，不会让油漆出现在油漆罐的边缘和外部。

吸血鬼功率的基本知识

你听说过吸血鬼功率吗？没有吗？那么待机功耗、待机损耗或者空载电流呢？

这些词语指的都是损失的能量。当你不需要使用手机充电器、微波炉或者其他设备时，如果你不拔下它的电源，它通常会消耗一定的电量。如果将全美国的这种电量加起来，你可以得到一个巨大的数字；根据美国环保署的说法，这些电量的价值是 100 亿美元。

当然，这里面也有你的一份——你的电缆箱每年会消耗 18 美元的吸血鬼功率，如果里面有数字录像机，这个数字将达到 34 美元。为了提供这些电量，我们不得不让地球承受更大的负担。

一些设备——比如电视和立体声音响——需要保持接电状态，以“等待”某人按下遥控器上的“打开”按钮。打印机和扫描仪等计算机外围设备需要持续点亮，等待计算机为其发送信号。数百种小型设备需要维持待机状态，以使其时钟或状态仪表不断更新。

你只能采取少数反击措施：

- 为不需要开启的设备拔下插头，或者将其插在很容易关闭的插线板上。不要让充电器一直插在插座上。
- 买一个“省一瓦”电表（大约 18 美元）。你可以将设备插在这个电表里，以查看它在使用时和不使用时所消耗的精确功率。

- 购买具有主从形式的插线板：当你关闭主设备时（比如电视），相关配件（比如蓝光播放机和条形音箱）也会切断电源。其他插线板可以根据一天中的时间或者附近是否有人活动（比如你不在家）而切断电源。

如何避免找不到胶带头

当胶带头消失在胶带中时，你是不是很生气？你用指甲挠啊挠，但它就是下不来；你甚至会将胶带撕成条状。

这当然是生活中一个很小的问题。不过，你只需要很小的努力就可以避免这个问题。

每次将胶带扔到抽屉里之前，在胶带头上粘点东西：回形针、硬币、牙签、包面包的标签。或者，直接将胶带头折到里面。

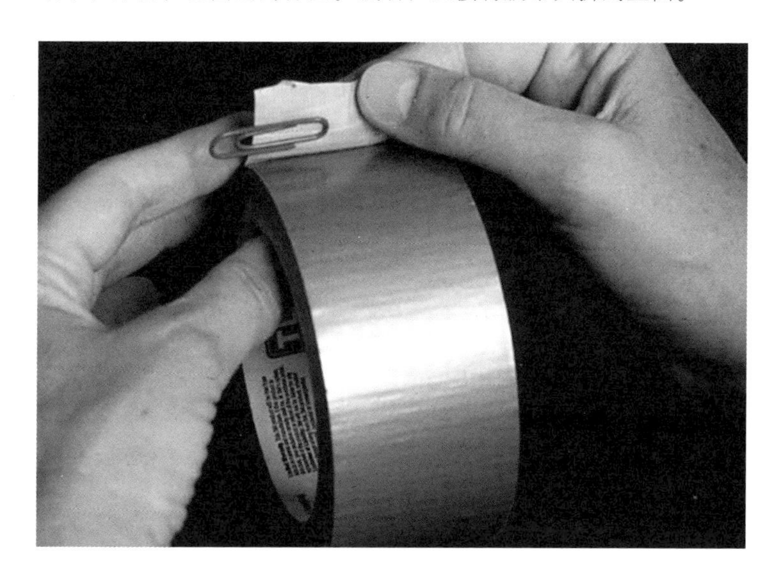

你不需要再去动用可怜的指甲了，至少不需要再去用它挠胶带了。

关于睡眠的基本知识

根据美国疾病控制和预防中心的说法，睡眠不足已经正式成为了公共健康流行病。半数美国人表示，他们无法得到足够的睡眠。研究表明，睡眠不足是一种疾病。它会导致汽车事故和工业事故，使你更容易产生高度紧张、糖尿病、肥胖和抑郁。这是一个值得注意的问题。

你应该得到多少睡眠呢？根据美国健康研究院的说法，学龄儿童每晚至少需要 10 个小时的睡眠。青少年需要 9 到 10 个小时。成人需要 7 到 8 个小时。

下面是科学证明对你正常休息有利或有害的总清单。

一致的时间。只要可能，尽量在每天晚上同一时间睡觉，并在每天早上同一时间醒来。

食物。睡觉之前大吃一顿会让你更难入睡。

咖啡、可乐和尼古丁。它们都是兴奋剂。睡前服用这些物质有助于熬夜。

酒精。酒精可能使你昏昏欲睡，但它也会触发大脑中的阿尔法波活动，影响睡眠质量。

热。在凉爽的房间里，睡眠效果是最好的。

噪音和光线。如果街上的噪音或光线使你无法入睡或者早早将你叫醒，你应该想办法认真地封住你的眼睛和耳朵。便宜的方法：泡沫耳塞和眼罩。更好的方法：让卧室变得更加阴暗安静。使用遮光物。对窗户进行降噪处理。

锻炼。这看上去可能没有道理——锻炼不会让你更精神吗？——不过，白天的锻炼可以让你夜晚更容易入睡。（除非你在睡前锻炼——这的确会让你更精神）

热水浴。洗澡可以让你放松下来。然后，让你离开浴盆时，你的体温会下降，这使你更容易入睡。

小睡。小睡可以很好地补偿缺失的睡眠——但不要在白天太晚的时候小睡。你会用掉你的睡眠细胞，很难再次入睡。

电子产品。睡眠遇到了一个新的威胁。最新研究表明，智能手机、平板电脑和笔记本电脑屏幕发出的蓝光会阻碍大脑分泌褪黑素。这种激素与夜晚和睡眠有关。如果你入睡有困难，请不要在临近睡眠的时候观看屏幕。

如果你违反了其中的一些黄金规则——或者你最近压力极大——你可能仍然很难入睡。在这种情况下，你可以参考下面这个最后的黄金规则：

不要连续几个小时以清醒状态躺在床上。如果你无法在20分钟内入睡，应该起来做点事情——令人镇静的事情——直到你产生睡意或者想要再试一次。这是因为，当你无法入睡时，你会感到焦虑，从而更加无法入睡，从而更加焦虑……

两个意想不到的螺丝刀

检查一般家庭的工具抽屉，你很可能会发现一把四合一螺丝刀。这种螺丝刀拥有四种不同的刀头，可以分别插到刀杆上——一个扁头，一个十字头等——因此，这种螺丝刀可以操作四种不同的螺丝。

你可能没有意识到，你的四合一螺丝刀实际上是六合一螺丝刀。刀杆本身拥有与 1/4 英寸和 5/16 英寸螺母相同的尺寸，这意味着你可以用没有刀头的螺丝刀将其拧开。你也可以用没有刀头的刀杆旋转最常见的六角（六边）螺钉。——戴维·凯莱布（David Caleb）

如何处理顶槽被挖坏的螺丝

你的螺丝刀可能会挖坏螺钉头上的凹槽。也许螺丝钉拧得比你想象得要紧，也许你没有在螺丝刀上用上足够的力气。不管是什么原因，一旦螺钉头被挖坏，你就很难挽回局面了。

不过，这并非没有可能。下面是你遇到困难时的解决方法：

将宽橡皮筋放在螺丝刀刀头和螺钉头之间。使劲推螺丝刀。

通常，橡皮筋的额外抓握力可以帮助你实现目标。

如果你挖坏了十字头螺丝钉，试一试同样大小的常规（扁头）螺丝刀。如果需要，添加橡皮筋。

用锤子将螺丝刀轻轻敲进螺丝里。通常，这种方法可以使螺丝刀的刀头在螺丝钉里埋进足够深的位置，能够转动螺丝钉。

使用起螺丝器。这是一种价格便宜的专用螺丝刀（或者螺丝起子），其强大的金属刀头上拥有特殊的螺纹，可以挖进螺钉头里，为你提供足以旋转螺丝的抓握力。

如果其他方法全部失效，你总是可以通过暴力方法直接将螺丝钉挖出来。

如何阻止提袋子时将垃圾桶带起来

你会用塑料袋垫在垃圾桶里吗？当你将袋子提起来时，你需要用脚别住垃圾桶吗？你想解决这个“第一世界”的问题吗？

当然，问题来自吸力。当你试图将满满一袋垃圾拉出塑料垃圾桶时，你在下面创造出了一块真空，这使垃圾桶很难与袋子分开。

解决方法是在垃圾桶的侧面开几个气孔。（用钻头，或者刀子，或者加热十字头螺丝刀的刀头，使其能够钻进垃圾桶的塑料壳里。）

在垃圾桶后方高一点的位置开孔，这样你不会看到它，而且当液体垃圾滴到底部时，垃圾桶不会漏水。

用开罐器打开罩板包装（blister pack）

美国人的共识并不多，不过下面这点是没有异议的：那种坚硬的、使用透明塑料的可恶包装——有时被称为“罩板包装”——

很难打开。这种包装设计是为了将里面的内容展示给购物者，同时给扒手制造麻烦。唯一的问题是，当你买下这件商品，想要把它打开时，它也给你制造了麻烦。空手、用剪刀或者刀子打开这些罩板包装是一种困难而危险的工作。

打开这种包装的最佳途径是使用 Open X，这种 10 美元的工具专门用于打开这类包装（myopenx.com）。

不过，如果你缺乏耐心，或者缺少 10 美元，你可以使用下面这种简单的方法：用普通的开罐器打开这些包装。你只需要将它刺进包装的平边里，然后转动把手，就像你在开罐一样。

快乐的基本知识

理论上，我们一直在追求快乐，对吧？在某种程度上，我们的每个决定最终都是为了获得快乐。

不过，当研究人员真正对快乐进行研究时，他们发现了一些令人吃惊的奇怪现象。

例如，你可能认为，中彩票、减掉20磅体重或者得到新工作会让你快乐。这的确会给你带来快乐——但这是短暂的快乐，它只是一个尖峰。(如果这句话使你感到不快乐，你可以反过来考虑。糟糕的外部事件会使你不快乐——但这也只是一种短暂的下潜而已。随后，你仍然可以做回正常的自己。)

如果你需要更多证据，请看这条消息：马萨诸塞州大学的一项研究发现，由于突发事故而瘫痪的人比赢得彩票的人看上去更加乐观。

那么，从大脑科学的角度看，真正导致快乐的因素是什么呢？

许多因素是你无法控制的。快乐的人常常乐观，外向，拥有强烈同情心和幽默感，他们的父母也很快乐。换句话说，他们的许多快乐来自他们的基因和教养。

不过，还有一些快乐因素是你能够控制的——这些因素可以制造长期快乐。下面是该研究在这方面得出的结论：

陪伴。总体而言，花更多时间与朋友和爱人待在一起的人比孤独的人更加快乐。孤独感会导致不安全感和自我怀疑感。

控制。下面是抑郁的一个定义：你感觉你无法控制自己的环境。在对疗养院病人和监狱囚犯的研究中，人们发现，在家具摆放和电视频道选择等简单事情上拥有控制权的人可以极大地提高自己的士气和灵活性。

当情况很糟糕时，找到你能控制的事情是很有帮助的，即使它们是很小的事情。参加读书俱乐部——发表你的想法和你的提议。清洗壁橱。星期天看一天电视。做一些你所选择的小事情。

新鲜事物。尝试新鲜事物有两个效果。首先，它会释放多巴胺（大脑中的“快乐药物”）。

其次，它会使你的人生看上去更长！你注意到了吗？从新地点回家总是比前往新地点更快。这里面的道理是相同的。时间在新的经历中会变慢，在重复中会变快。

锻炼。这一条拥有坚实的科学证据。体育活动会使你的大脑释放内啡肽和血清素——这些化学物质可以让你感觉良好，热爱生活。

睡眠。这一条是可以猜到的。当你无精打采时，你很难获得生气勃勃的感觉。

行善。从事志愿活动，发放礼物，赞美某人——所有这些无私的举动可以让你与其他人联系在一起，使你获得良好的自我感觉。

最后是关于乐观、幽默和外向等天性的另一个要点：一些研究表明，假装拥有这些品质的人常常可以和那些自然表现出这些品质的人产生同样的快乐。（这个例子来自《今日心理学》：“你感到很烦躁，但是当电话响起时，你装作高兴的样子和朋友谈话。奇怪的是，挂断电话以后，你感觉心情不那么糟糕了。”）

所以，当其他方法全部失效时，你可以装出快乐的样子；时间一长，它就会变成现实。

第三章

汽　车

啊，汽车。由三万个部件组成的重达两吨的机器。在每天的每个小时，有无数地球人在购买、操作、维护汽车。

换句话说，目前，你不太可能掌握关于汽车的所有重要知识。

空调问题终于得到了解答

“克里斯（Chris），把窗户关上。我要打开空调。”

“不，别这样做！空调很费油！”

“我知道，但这样比开着窗户开车更省油。风的阻力使我们更加难以驱动汽车在空气中前进，因此我们需要使用更多汽油。”

最近，这种争论是不是经常在汽车里上演？

根据美国汽车工程师学会的结论，空调使用的汽油更少。（开窗行车会增加 20% 的油耗；空调只增加 10% 的油耗。）

例外情况是慢速行驶。如果行驶速度低于每小时 70 公里，开窗只会产生很小的额外阻力。因此，在这种情况下，同开空调相比，开窗的油耗要稍微小一些。

换句话说，在某种程度上，他们两个人的观点都是正确的。

公路出口指示牌的奥秘

下图展示了标准的美国公路绿色指示牌——具体地说，是指示前方出口的指示牌。

在指示牌上方，你通常会看到另外一个小牌，上面写着前方出口的编号（比如出口 3）。

这个编号牌默默地指示着出口坡道在公路的哪一边。如果小牌子在大牌子的左边，出口就在左边；如果小牌子在大牌子的右边，出口就在右边。

很酷，不是吗？

你所不知道的油箱指示符

当你在加油站停车时，知道油箱在车子的哪一边是非常有用的。这一信息决定了你在油泵岛停车的方式。

你可能知道自己的汽车油箱盖在左边还是右边。不过，你驾驶的可能是租来的车子，或者别人的车子，或者你刚刚买了新车。在这种情况下，你应该了解每辆汽车油量表上方标的三角号。

看到箭头了吗？它指示了油箱在车子的哪一边！

远程解锁所有车门

只要按下钥匙柄上的解锁按钮，大多数新车都可以实现远程解锁。这很方便。

不过，这个按钮通常只能解锁驾驶员车门。在天气寒冷或者下大雨的情况下，如果你的配偶、老板、客户、孩子想要同时上车，你该怎么办呢？

错误做法：解锁驾驶员车门。开门上车。寻找驾驶员车门扶手上的解锁按钮。表现得像个固执的傻瓜。

正确做法：按两次钥匙柄上的解锁按钮。你的所有车门将同时解锁。

扩展钥匙柄的无线距离

这一条听上去有些可笑，你肯定以为我在胡说——但它的确有效。

当你把汽车的远程控制器按在脑袋上时，你可以在更远的位

置锁定和解锁车门。根据车型和你的身体成分，你可能获得最远30米的控制范围（大约6辆车的长度）。

当这条建议在网上流传时，人们通常提议将钥匙柄放在下巴上。不过，你可能会发现，有肉的地方（比如脸颊）比有骨头的地方效果更好。

这是因为，在看不见的地方——在你的身体内部——头部的液体起到了导体的作用。你的身体成了天线的一部分——更大的天线。如果你的年纪足够大，你可能还记得带有兔耳形天线的电视机。当你触摸天线时，你有时可以得到最为清晰的图像。这里也是同样的道理。

采用同样的办法也可以扩展手机的信号范围……

用指甲油区分不同钥匙

从前，有两个非常愚蠢的牛仔。他们很难区分他们的马匹。

他们尝试将一匹马的尾巴剪短，但尾巴很快又长回来了。他们尝试在一匹马的耳朵上刻出划痕，但另一匹马不小心也在耳朵的同一位置碰出了划痕。

最后，在绝望中，他们对两匹马进行了测量。他们发现，黑马明显比白马高5cm。

听了这个故事，你就可以理解这个技巧的原理了：你可以用指甲油将钥匙环上的每个钥匙柄涂上不同的颜色。指甲油很闪亮，很明显，而且可以持续很长时间。当你拥有不止一个车钥匙（或家门钥匙）时，这种方法可以为你省去摸索的时间。

自抽式油嘴

你知道怎样给汽车加油，对吧？你当然知道。你打开汽车一侧的小嵌板，卸下油箱盖，插入油管喷嘴，然后按下把手。你站在那里，顶着寒风（布法罗），冒着烈日（亚特兰大），或者淋着雨水（西雅图），直到油箱加满，把手咔嚓一声关闭。

还有一种更好的办法。也许你知道，也许你不知道：在大多数加油泵上，你可以将喷嘴把手锁定在“开”的位置上，无须按动甚至触碰把手。找到把手内部的金属小舌头，将它弹进把手下方，使其固定在那里。

当你锁定喷嘴时，你就可以走开了。你可以回到车里，或者跑到便利店里要一杯咖啡。当油箱加满时，加油泵会自动停止加油。此时，你可以像平常一样撤下喷嘴。

如何不被对面的车前灯遮住视线

现在是夜里。你行驶在双车道公路上，也许没有街灯。迎面驶来的汽车当然开着车前灯——如果你不注意，这种灯光可能会遮住你的视线，尤其是当对面的家伙开着大灯时。

解决方案：盯住你所在车道右侧的白线。（有一句方便的顺口溜可以帮助你记忆："如果遇到太多光线，请盯住右边的白线。"）

这样，你就可以保持在自己的车道里，不会因为对面的车子而失去方向。

风挡除雾的小窍门

在寒冷的天气里，风挡外面的霜并不是唯一的问题，风挡里面的雾气也是一个问题。

风挡除雾很简单，但如果你不知道起雾的原因，你就会觉得这是一种违反直觉的方法。

为什么玻璃内部会凝结水分呢？因为你的体温和呼吸使汽车内部的空气变得温暖而潮湿，但汽车外面的空气是寒冷而干燥的。你所呼出的水蒸气遇到寒冷的风挡内壁，变成了细密的水雾。

你不太可能改变外部寒冷干燥的天气，但你可以让内部的空气变得不那么温暖潮湿。

首先，引入新鲜空气。你的第一个想法应该是调节循环控制器，改变空气循环模式，将外部干燥的空气引入车内。（它可能是按钮，也可能是滑动杆。）

这听上去可能很奇怪，因为外面很冷，而你想让自己暖和起来。不过，如果你只是让温暖潮湿的空气在车内循环，你将无法为车窗除雾。

（如果你很着急，你可以打开车窗，让寒冷干燥的空气迅速进入车内——从而除去车窗上的雾气。不过，这会让你很不舒服，而且会带来噪音。）

其次，将除霜开到最大——并将空调开到最大。除霜控制器可以将热气吹到玻璃上，使其温度升高，不再凝结水蒸气。（是的，这个控制器叫做“除霜”，而不是“除雾”。不过，除霜和除雾都需要将热空气吹到玻璃上。）

在大多数汽车上，打开除霜也会自动打开空调。如果不是这样的话，你现在应该手动打开空调。

这就是违反直觉的地方。为什么要在冬天打开空调呢？实际上，打开空调不是为了使空气变冷，而是为了使空气变干，使能够凝结的水蒸气变少。（是的，空调有这个效果。）实际上，如果你愿意，你可以将空调的温度一直调到最高。

这个步骤带来了两个效果：用空调将内部空气变干，用除霜吹风器将风挡变热。

有时，在炎热的天气里，你可能会遇到相反的情况（尤其是佛罗里达）：水汽可能会在玻璃外壁凝结。你的空调使汽车内部变得凉爽而干燥，但外面的空气是炎热而潮湿的。

解决方法呢？使用雨刷，或者让空调歇一会儿。

风挡结霜的解决方法

在寒冷的天气里，你的风挡可能会结霜。通常，在被风挡遮住视线的汽车里驾驶不是一件很理想的事情。

每辆汽车都有解决这个问题的功能：除霜按钮。它看上去是这样的：

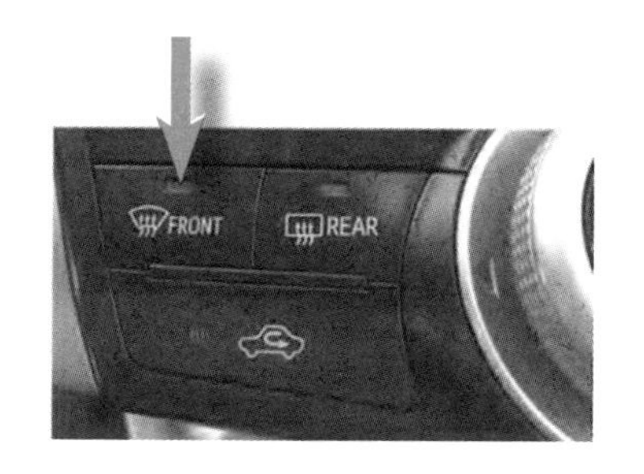

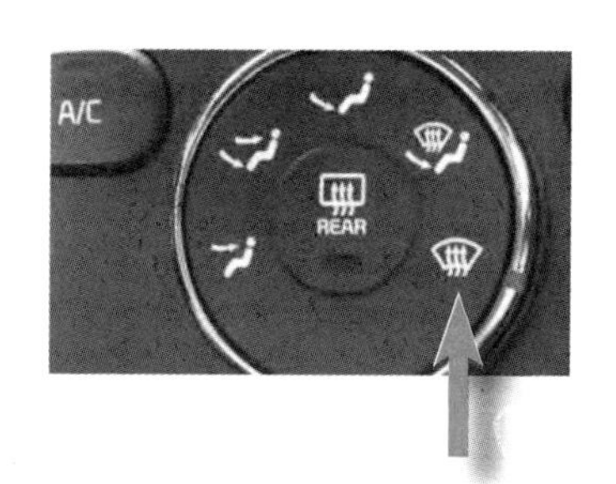

它的工作方法是将热空气吹到风挡上。由于热风是从内部吹到玻璃上的，要想融化外面的霜，需要等待一段时间。你可以用雨刷和风挡液加快速度，但这仍然不够快。

因此，人们想出了更好的除霜方法：

将温水泼在风挡上（从外面），以融化上面的附着物；然后用雨刷快速挥动，将杂物清除。（不要使用热水；剧烈的温度变化会使玻璃开裂。）

如果已经结冰，使用塑料刮冰器；如果你没有塑料刮冰器，而且非常着急，你可以使用信用卡的长边。

顺便说一句：如果你提前知道下雪或结冰天气，你可以前一天晚上在风挡玻璃上放一条毛巾，让雪花落在毛巾上，避免玻璃结冰。用雨刮器将毛巾固定住。这会为你第二天早上省去不少麻烦。

你的汽车应该有一个垃圾桶

垃圾桶并不是每辆汽车的标准配备，这是一件令人难以置信的事情。每个驾驶员都有一些需要丢弃的零散物件：食品包装、收据、传单、违章停车罚单。（开玩笑的！这是个笑话。）

你当然可以买一个汽车垃圾袋，挂在头垫后面。（是的，这种东西是可以买到的。）你也可以将垃圾袋套在头垫上。

或者，你可以使用那种通常用于盛装麦片的有盖子或没有盖子的盒子来盛装干净的塑料垃圾。

关键是为汽车配备某种盛装垃圾的容器。否则，你的地毯很快有火灾隐患或者变成沙鼠窝。

如何在不撞车的情况下了解短信内容

开车时看手机或输入文字是疯狂而危险的；这和闭着眼睛开车没有什么区别。

你说什么？“人人都知道这一点”。

那么，为什么如今40%的汽车事故是由驾驶员使用手机造成的？为什么27%的成年人（35%的青少年）承认过去30天有过开车发短信的经历？

下面是稍微安全一些的做法：当你听到短信提醒时，使用Siri（在iPhone上）。按住iPhone的Home按钮，然后说“阅读我的新信息。”（Read my new messages）你的手机会将信息读给你听，你可以判断这些信息是否非常重要，是否值得你把车停在路边。

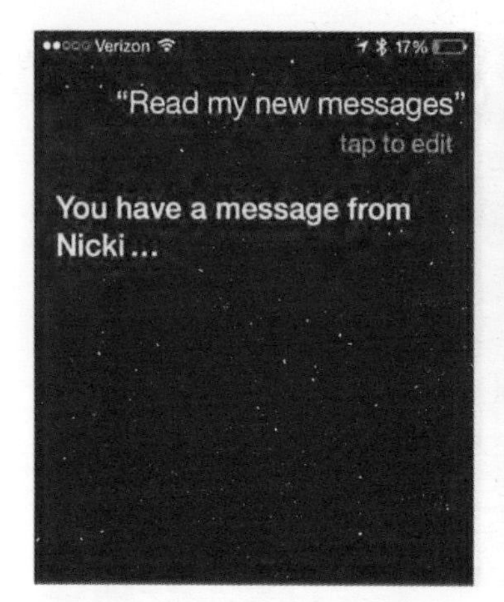

接着，Siri 邀请你给出语音回复——这仍然不需要你将视线从道路上移开，或者将手从方向盘上移开。

如果你使用安卓手机，你可以下载具有相同功能的 app，比如免费的 Read It To Me。

合适的轮胎气压

在你小的时候，可能有人告诉过你，汽车轮胎的侧面刻着一个数字，这个数字就是合适的轮胎气压。

你被误导了。轮胎的侧面的确有一个数字，但它是最大充气压力，不是理想气压。

要想找到轮胎的最佳气压，应当寻找驾驶员一侧车门框内部的贴纸，这张纸通常贴在边上。（它也可能出现在储物箱的贴纸上或用户手册上。）

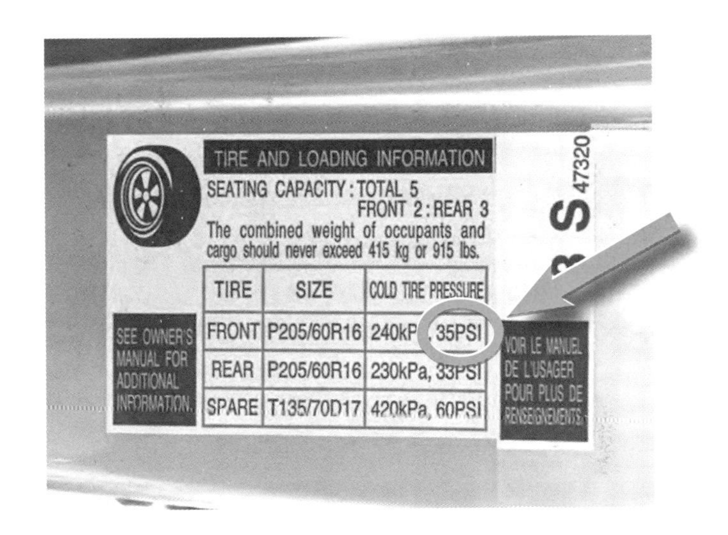

对于汽车，最佳气压通常位于30到35 psi（磅每平方英寸[①]）之间；对于小型卡车，这个数值位于35到40之间。你可以在五金店用大约5美元购买一个轮胎气压测量仪，以测量这种数据。大多数人使用加油站的气泵充气，这些气泵上通常也有轮胎气压测量仪。

在轮胎冷却时进行测试——至少在最近一次长时间驾驶的半小时以后——因为开车时轮胎会升温，使压力变大。

关于轮胎充气，另一个事实是：如果稍微提高气压，你可以获得更好的燃油经济性和更少的轮胎损耗。如果稍微降低气压，你可以获得更大的牵引力。你无法做到两全其美。

让手机记住你的停车位置

如今，iPhone和安卓手机可以跟踪你的健康状况、睡眠、位

---

① 磅1平方英寸，1标准大气压（atm）=14.696psi。——译者注

置——它们为什么不能记住你的停车位置呢？

这正是Find My Car（免费，用于iPhone和安卓）以及便捷易用的Honk（1美元，用于iPhone）和Park Me Right（免费，用于安卓）等app背后的理念。它们使用全球定位系统记忆你的停车位置，并引导你返回这个位置。

你可以获得更多的睡眠时间，不必惊慌地在车海中四处徘徊。

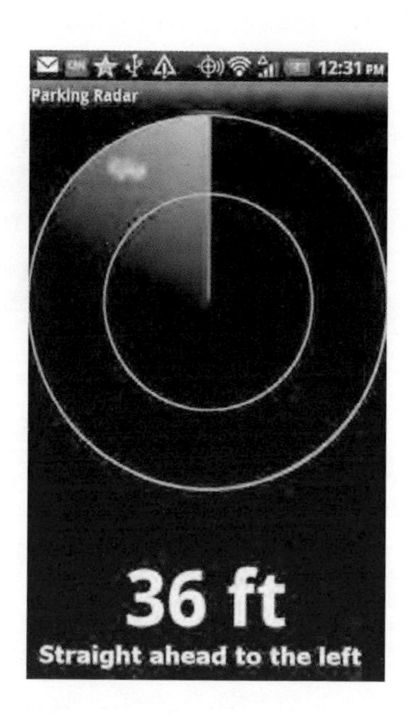

何时购买汽车

你获得优惠价格的能力在很大程度上取决于购车时间。

走访经销商、与销售人员会面以及试车的时间并不重要。不过，在随后给同一个销售人员打电话完成交易时，要想取得最好的结果，你应该选择下面某个时间：

周六或周日晚上，关店前一小时。通常，汽车经销商急于在周末结束前增加一笔交易，尤其是当他们这一周业绩不佳时。

每月最后一天。同样的道理。如果汽车经销商实现当月的销售目标，他们可以赚到奖金。你的交易也许刚好可以帮助他们达标。

天气不好的日子。雨雪等恶劣天气完全有可能使经销商的销售额大幅下滑。在这种日子里，销售人员可能迫切希望和你谈话。

如何处理现有汽车

如你所知：在线亲自卖掉二手车总是可以为你带来更多收益。如果你在购买新车时以旧换新，经销商的出价要低得多。实际上，你是在购买方便。

怎样知道二手车的价值呢？你可以在凯利蓝皮书网站 kbb.com 上查询。

VIN 编号的秘密（或者“如何判断一辆汽车的制造年份”）

1980 年以后制造的每辆汽车和卡车都有一个 VIN ——车辆识别号码，相当于汽车界的社会保险号码。你可以在许多地方看到它：正对驾驶员一侧挡风玻璃的、绑在仪表板上的小牌上；驾驶员一侧车门框内部的贴纸上；引擎室里；保险卡里；汽车的注册文件里。

VIN 是一个强大的编码，存储了关于汽车的大量信息。你可以根据这个 17 位编码破译出汽车制造年份、发动机类型、制造地点等信息。使用 VIN 的场合包括：(a) 汽车被盗，(b) 你想销售或注册汽车，(c) 你把汽车拿去修理（以便让修车店订购合适的部件），(d) 你在研究一辆二手车的历史，(e) 当你研究编码信息而百思不得其解时。

目前，要想解开 VIN 的秘密，最简单的方法就是访问 www.VINDecoder.net。只需输入你的 VIN，你就可以看到其中的所有秘密。

但是，如果你无法立即上网呢？如果你在荒岛上、在廉价酒店里或者在浴缸里看到这样一个编码呢？

下面是解码方法。假设你的 VIN 号码是 JHMGE88639S021402。下面是分解步骤：

J。这是汽车的生产国。它很可能是 1、4、5（美国）；2（加拿大）；3（墨西哥）；J（日本）；K（韩国）；S（英国）；W（德国）；或者 Y（瑞典或芬兰）。目前，我们知道这辆车是日本制造的。

H。这是制造商编号。A 表示奥迪，B 表示宝马，G 表示通用汽车，H 表示本田，L 表示林肯，N 表示日产，T 表示丰田，等等。这个例子中的 H 表示本田。

M。第三个字符指示了汽车的类型或汽车公司的部门。（对于这一位，每家汽车公司拥有自己的编码系统。）对于本田来说，你会看到 M（日本制造的汽车），G（美国制造的汽车）或者 L（多用途汽车）。这辆汽车是在日本制造的。

GE886。下面五个字母指出了汽车的型号、车身类型、约束系统、传动类型以及发动机。每家汽车公司拥有自己的编码系统，这些编码系统每过几年就会发生变化。在这个例子中，我们看到的是一辆四开门、前轮驱动的本田飞度掀背式汽车。

3。这个数字是校验和——即验证位。它是根据数学公式用编码中所有其他字符得到的，可以用于直接验证 VIN 的有效性。

9。这是汽车的制造年份。你的汽车是在公元 9 年制造的。

哈，骗你的——它不可能那么古老！实际上，根据下表，这个 9 表示 2009 年：

A–1980	L–1990	Y–2000	A–2010
B–1981	M–1991	1–2001	B–2011
C–1982	N–1992	2–2002	C–2012
D–1983	P–1993	3–2003	D–2013
E–1984	R–1994	4–2004	E–2014
F–1985	S–1995	5–2005	F–2015
G–1986	T–1996	6–2006	G–2016
H–1987	V–1997	7–2007	H–2017
J–1988	W–1998	8–2008	J–2018
K–1989	X–1999	9–2009	K–2019

经过几个小时的研究，你会发现，最前面的字母（A，B，C）在这张表中出现了两次。字母 D 似乎也可以同时表示 1983 年和 2013 年。你想得没错；汽车行业的前辈们认为，将两辆相差 30 年的汽车搞混是一件概率很小的事情。

S。这个字符可以告诉你制造汽车的工厂。每家汽车公司在这一位拥有独立的编码方式。本田在全世界拥有 11 家工厂；S 表示日本三重县铃鹿市。

021402。最后的六位字符是汽车的序列号。在这个例子中，我们的本田飞度是这家工厂制造的第 21402 辆车。

古老的网球停车定位技巧

如果你（或者你刚刚获得驾照的孩子）每天似乎很难将汽车精确地停在车库中的正确位置上，你可以参考下面这个古老而有效的方法：

用一条线从车库顶棚吊下来一个网球。调整网球的位置，以便当你将车停放在合适的位置时，挡风玻璃刚好碰到网球。

这样一来，你永远不会（a）撞到停在你前面的自行车，或者（b）让车库门把车尾削掉。

不要将发动机作为刹车使用

如果你的车速很快，或者正在下坡，你可以将脚从油门上拿下来，以降低车速。由于发动机仍然处于运转状态，因此它可以起到制动作用。于是，这种方法有了一个巧妙的名称：发动机制动。卡车一直在使用这种制动方式。

不过，在汽车里，你最好仅仅使用刹车。两种方法都可以增加汽车的阻力，但购买新的刹车片比购买新的变速器或离合器要便宜得多。

（至于卡车：它们在设计时就融入了发动机制动的理念。）

指示牌颜色和形状的逻辑

巨大的红色停止标志！明亮的黄色让行标志！这么多花花绿绿的颜色！

实际上，你的政府在这些颜色上花了大量心思。它们实际上是有意义的。它们具有一致性。下面就是你的备忘单：

红色总是意味着“停车，否则你就要撞车了。”（“禁止驶入”“停止”“错误的道路”。）

橙色用于临时建设指示牌。（“绕行”“人员施工中”。）

黄色指示牌是一种建议，通常意味着“小心”。（“让行”“慢行”。）

绿色表示方向信息。（“23 号出口”“自行车道”。）

蓝色用于旅游服务。（“加油”“食品”“住宿”“医院”“停车场”。)

棕色表示兴趣点。(“观景”“野营”。)

黑白指示牌用于管理。(“限速”“禁止停车”“单行道”。)

指示牌的形状也是有讲究的。圆形表示“铁路”；三角形表示“让行”；五边形表示“学校”，菱形表示前方有潜在危险；立式矩形用于管理——比如“禁止停车”和“限速”。

驾车保命的基本知识

如果你今年十六七岁，那么你很可能不久前刚刚上过驾校，不需要复习这一部分内容。

如果你超过了这个年龄，你可能需要阅读一下最近几十年科学研究得到的一些重要结论：

三秒法则。如果你因为任何原因和另一辆车追尾，根据法律，这起事故将是你的责任。你可以使用三秒法则避免这个结果：

在头脑中选择与前方车辆平齐的一个固定点，比如灯杆或指示牌。如果你在数完“三——一—千”三个数之前抵达这个点，说明你和前车之间的距离太近了。(在阴暗或潮湿的环境里，你应该增加这个距离。)

紧急停车。如果你需要紧急刹车，具体刹车方法取决于你的汽车是否拥有 ABS（防抱死制动系统)。如今，大多数汽车都拥有这个系统，你需要知道你的汽车是否也是这样。(如何才能知道这一点呢？如果你的汽车有 ABS，每当你启动汽车时，一个标有

ABS 或“防抱死”的指示灯就会点亮。）

如果你的汽车有 ABS，下面是紧急停车的方法：使劲踩住刹车。就这么简单。车子可能会猛烈地跳动，但你不要担心。这种跳动来自电子式制动器及其抓握与释放的快速切换，后者可以迅速降低车速，同时避免打滑。

如果你的汽车没有 ABS，将刹车踩下七成，以避免停车时打滑。不要非常猛烈地转动方向盘。如果一边转弯一边刹车，汽车很容易失去控制。

保持清醒。在 2005 年的一项研究中，37% 的美国司机承认当年曾在驾车时打盹。想到你所行驶的道路上有一些无人控制的汽车正在高速行驶，你会感到非常可怕。

如果你感到困倦，而且无法在某处停车小憩，你可以吃点东西。不要停下来。嚼一些酸爽、刺激或者带有薄荷味的东西。吃个苹果，或者含上一颗薄荷味的嘀嗒糖，最好是 Altoid 薄荷口香糖。你很难含着 Altoid 进入梦乡。

根据卡车司机的说法，嚼普通口香糖也是有效果的，条件是你需要不停地咀嚼。

另一个不错的建议：听你不喜欢的音乐——越讨厌越好。（你所喜欢的音乐可以让你更快地入睡。）

你也可以将椅子向后推，放在一个令人不舒服的位置上，通过难受保持清醒。将一只手举到空中。打开窗户。把脸打湿。将空调调得比舒适温度低一点。

第四章

旅　行

我们可以选择的旅行网络已经成了世界上最伟大的奇迹之一。你可以从任意地点抵达任意地点，这种旅行的速度、价格和可靠性是我们的祖先无法想象的。

不过，我们可以选择的旅行网络也比以前变得更加复杂。安全、规章制度和额外的费用会让你的舒适度和心情大打折扣。

当然，如果你了解地面和空中的规则，这种情况就会得到改变。

在离港层迎接进港旅客

如果你的工作是在机场迎接一批进港旅客，你的第一反应很可能是在机场的抵港层（或抵港区）迎接他们。在离港层迎接他们有点远，对吧?

是的。问题是，其他人也在进港层等着接人。抵港路段的边缘通常会出现大规模的拥堵，到处都是等待的车辆。大多数机场会请一些保安将你赶走，迫使你在机场不停地绕圈，直到你的朋友出现在航站楼外。

但在机场的离港层，你不会遇到交通拥堵。进来的车子卸下乘客以后就开走了。你有足够的空间停车和等待——在大多数情况下，没有保安会冲你喊叫，迫使你在机场绕圈。通常，你可以舒适地等在路边，直到你的朋友出现。

让航空旅行不那么痛苦的三个网站

这三个网站可以为你提供丰富的信息，使你的飞行变得更加舒适。请将它们记下来，并运用到生活中。

FlightAware.com。输入班机号，查看该班机此时此刻在空中的位置以及预计着陆时间。如果你需要到机场接人，这是一个非常有用的网站。你还可以看到高度图和速度图，乘客为该班机支付的最高和最低票价，以及最为有用的信息：该航班早点或晚点的历史记录。

SeatGuru.com。不要在查看这个网站之前在线选择座位！你可以发现你的座位是否无法斜倚，是否没有窗户，是否拥有坏掉的电视等。你不会到了登机时才感到后悔。

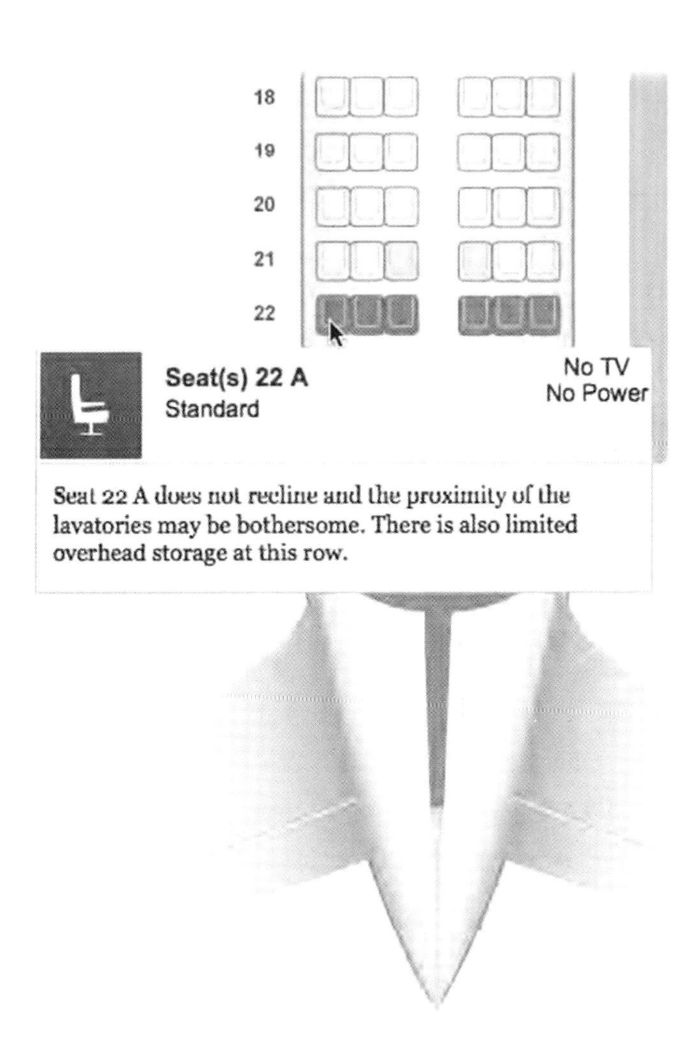

SeatAlert.com。当你预订机票时，如果只剩下中间的座位，你该怎么办呢？惊惶失措吗？不——访问这个网站，让它在过道或靠窗座位空出来的时候通知你。这种事情经常发生，此时你可以抓住机会，抢到这个座位。

（这些网站也有功能相同的手机 app。还等什么，赶紧下载吧！）

三个字母的机场代码有什么含义

世界上的每个机场都有一个代码，由三个字母组成。对于飞行员、行李搬运工、旅行代理商等人而言，这是一种非常节省时间的速记法。

你很容易理解为什么迈阿密机场是 MIA，波士顿是 BOS，盐湖城是 SLC。不过，你可能不太理解为什么温哥华是 YVR，巴尔的摩是 BWI，芝加哥是 ORD。

一开始，机场继承了美国国家气象局所使用的两个字母的城市代码，比如 LA 代表洛杉矶，PH 代表菲尼克斯，PD 代表俄勒冈州的波特兰。当机场代码扩展到三位时，许多机场直接在原缩写的后面添加了一个 X：LAX、PHX、PDX 等。

有时，城市原有名称可以解开谜团。北京之前叫做 Peking，其机场代号为 PEK；圣彼得堡之前叫列宁格勒，其代号为 LEN；孟买以前叫 Bombay，其代号为 BOM。

有些机场以当地重要的历史人物命名。纳什维尔是 BNA（哈利·S. 贝里上校，Harry S. Berry）；诺克斯维尔是 TYS（海军飞行员查尔斯·麦吉·泰森，Charles McGhee Tyson）；斯波坎是 GEG（哈罗德·盖格少校，Harold Geiger）。

有些是过去的机场。奥兰多机场（MCO）曾经是麦考伊空军基地；芝加哥机场（ORD）位于奥查德广场的旧址上；新奥尔良机场（MSY）过去是穆瓦桑畜牧场。

此外，商业机场代码不能以 N 开头，因为这个字母属于海军机场。它们也不能以 W 或 K 开头，这两个字母被预留给了广播电台。同时，加拿大获得了 Y 字头的所有权，用于标记该国机场，比如 YVR 代表温哥华，YYC 代表卡尔加里，YUL 代表蒙特利尔。这使问题变得更加复杂。

所以，你不能将 N、W、K 作为机场代码的开头。那么，如果你的城市名称是纽瓦克、威明顿或者基韦斯特，你该怎么办呢?

你可以直接跳过第一个字母。因此，纽瓦克的代码是 EWR，威明顿的代码是 ILM，基韦斯特的代码是 EWY。

你也可以发挥创意。华盛顿国家机场不能使用 W 和 N，所以它的代码是 DCA（哥伦比亚特区机场）。

你认为杜勒斯国际机场应该是 DIA，但这个词在手写时与华盛顿另一个机场 DCA 非常相似。因此，他们将其颠倒了顺序，成了 IAD。

当一个代码被航空业所熟知时，你就很难做出改变了。不信你可以问问爱荷华州苏城人，他们的机场缩写至今仍然是SUX（糟透了）。

关于机票价格的基本知识

你可能知道，机票价格之间的差异几乎达到了荒谬的程度。

下面是 FlightAware.com 上的一个例子。在这次航班上，一个以 54 美元购买经济舱机票的乘客可能与一个花费高达 2135 美元购票的乘客并肩而坐:

为什么会有价格差异呢？航空公司开发了复杂的软件，可以在不同时间为不同的潜在乘客提供不同的价格。它们的关注点是

Non-stop fares

Passengers traveling from SFO (San Francisco, CA) to JFK (New York, NY) paid the following amounts for that one-way ticket during the previous 12 months:

Fare class	Minimum/Ticket	Maximum/Ticket	Revenue/Flight
Restricted Business Class	$250.07	$2,405.24	$1,086.02
Restricted First Class	$162.92	$2,361.54	$1,243.41
Restricted Coach Class	$54.05	$2,135.00	$40,762.76

计算你愿意支付的最高价格。它们会考虑路线、年月日、你过去在飞机旅行中的支出、竞争以及心理学。

如果你在网上搜索“何时购买机票”，你会看到大量无稽之谈。一个人可能告诉你，周二购票得到的票价是最低的，或者每周中段飞行的票价最低，或者提前52天购票的价格是最低的。

你准备进行实践吗？这些说法没有一个是真的。

即使是古老的“周六夜晚规则”如今也不再有效了——这个规则认为，如果你周六在目的地城市住上一晚，你的往返票价会更低。

下面这些因素是真实的：

何时购票。票价往往在飞行前一个月的时间里逐渐上升，在飞行前达到顶点。这是因为商务旅行者最有可能在最后时刻购票——而且他们能够承受高昂的票价。

不过，你一般无法通过提前一个月以上购票来省钱。实际上，提前六个月或一年购票时的票价可能很贵，因为在这段时间里，你可能改变计划。

灵活性 = 金钱。你可以在 Hipmunk.com、Travelocity.com 和 Kayak.com 等航班搜索网站上指定灵活的出发日期。如果你真的愿意将出发日或返回日调整一两天，你可以节省很多资金，这是因为你在航空公司复杂定价系统结构中找到理想点的概率提高了一两倍。

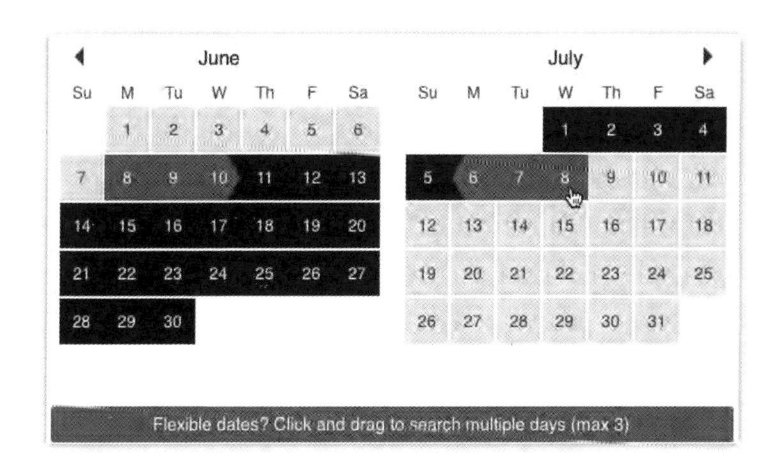

这些网站还允许你在机场方面提供灵活性。许多城市拥有多个机场：纽约有 JFK、拉瓜迪亚、纽瓦克以及艾斯利普（长岛）和怀特普莱恩斯。如果你告诉 Hipmunk、Travelocity 或 Kayak，你愿意考虑其他机场，那么你找到低票价的可能性还会进一步提高。

不要忘记西南航空。西南航空是一个与众不同的航空公司，原因如下。首先，它拥有许多独有的航线（当然，是在西南部）。其次，它不指定座位，实行先到先得原则。

最后，西南航空不向 Hipmunk 和 Kayak 等航班搜索网站提供航行时刻表信息！这些网站永远不会向你显示西南航空的选项；要想查看这些选项，你需要访问西南航空自己的网站。这很令人讨厌，但它是事实。

考虑“抛弃式购票”。这可能有违常识——往返票经常比单程票便宜！如果你需要单程票，比如从纽约到芝加哥，请查看往返票价；它可能更加便宜。

如果你购买了往返票，你可以直接飞到芝加哥，不去使用返程票。

不过，你如果需要临时取消行程，应该在航班起飞前几个小时给航空公司打电话，告诉他们你不会登机。这样做有两个原因：首先，你可能得到退款（如果这张票是可退款机票的话）或者未来航班的减价积分（如果是不可退款机票的话）。其次，这是一种善行，因为航空公司可以将你的座位提供给真正需要乘坐飞机的可怜人。

下次请选择认证版驾照——否则你将无法登机

在美国，驾照很容易伪造，只要问问酒吧里16岁的孩子，你就明白了。不过，你完全可以凭借这种驾照作为登机凭证！这对恐怖分子来说并不是很大的障碍。

而且，每个州都会颁发不同的驾照，拥有不同的要求和设计。这并不是真正的国家级身份证明。

因此，2005年，国会通过了《真实身份》法案——认证版驾照诞生了。只有出示政府颁发的其他两种身份证明，比如社会保险卡和出生证明，你才能得到这种驾照。

当你的现有驾照到期，需要更新时，明智的做法是更换认证版驾照。你需要亲自去州车管局或当地AAA办公室办理。（即使你不是AAA会员，AAA也会为你办理。）

为什么？根据目前的时间表（这可能会变化），从2017年开始，机场将不再接受旧式驾照身份证明。如果你想登机，你需要出示验证版驾照或护照。

反击牙膏行业的阴谋

你可能知道，美国运输安全管理局不允许你用超过3.4盎司（约为100ml——编者注）的容器携带液体或凝胶旅行。

种种证据表示，这是一个愚蠢的规则。例如，你完全可以用三个3.4盎司的容器盛装同一种液体。而且，他们只关心容器的容量，不关心里面装了多少东西。如果你拿着一瓶半满的4盎司瓶子，他们仍然会将其没收。而且，为什么是3.4盎司呢？3.4盎司和3.5盎司的瓶装化学物质所产生的爆炸有什么区别吗？

可是，有什么办法呢？

如果你经常旅行，你会注意到一个与牙膏有关的奇怪之处。你可能认为，最畅销的牙膏尺寸是3.1盎司——这非常合理，不是吗？

实际上，如果你在药店的口腔卫生通道待上一会儿，你会发现如下尺寸的牙膏包装：0.8盎司、3.6盎司、4.0盎司、4.1盎司、4.2盎司、6.0盎司、6.2盎司、6.4盎司和6.5盎司。看到这个序列中少了点什么吗？有人看到了吗？有人看到了吗？

没错，你无法买到3.4盎司的牙膏！

牙膏行业集团更喜欢让你买许多小管包装，为每盎司牙膏花费更高的价格——或者买一个大管包装，并被运输安全管理局扔掉，这样你在着陆时又会买一支牙膏。

如果在线购买牙膏，你可以节省大量资金、时间和精力。例如，在Amazon.com，你可以发现你无法在药店找到的牙膏尺寸，比如2.8盎司。这仍然不是很理想——3.4盎司是最理想的！——但它已经很接近了。

预检验：绕过2001年那种安检措施

运输安全管理局和9·11之后为确保航空安全而设立的官僚制度为你带来了很多不便。不过，运输安全管理局有一件事情做得不错，那就是预检验制度。

在机场安检区，有一些专用的通道，这些通道上的旅客已经得到了运输安全管理局的提前检查，并被认定没有安全风险。在这些通道上，你不需要解开鞋带和皮带，脱下外套。你不需要取出笔记本电脑和洗护用品包。你不需要举起双手站在某个全身扫描仪里，就像正在遭到抢劫一样。相反，你可以像9·11之前那样旅行。

几年前，预检验只是一个试点项目。该项目随机选取乘客进行预检验，你不是每次都能使用预检验通道。

现在，你可以去全国300家机场的某间办公室，申请加入预检验项目。你需要录入指纹，并且支付85美元；如果你是美国公民，而且不是罪犯，你就可以在几周内得到“已知旅行者编号”。总而言之，如果你在预订航班时输入这个号码，你就可以在120个美国机场使用预检验通道。

你需要记住的是：首先，每次飞行时，检查登机证上是否有“预检验”字样，如果有，说明你被运输安全管理局选中了。其次，了解它的含义。你可以使用快速通道，不需要解开鞋带和皮带，脱下外套，而且不必将笔记本电脑从包里拿出来。

如何为随身行李寻找空间

如果你最近坐过飞机，你就会知道，舱顶行李箱很少能够装下每个人的行李。你经常发现，所有的行李箱都是满的，此时有人会告诉你，你需要托运行李包。

实际上，每个乘务人员都知道一个小秘密：你总是可以找到存放另一个行李包的空间。

你可以这样想：对于最先登机的人来说，行李舱是空的。他们不需要以高效的方式摆放自己的物品。他们不会想到这些空间最终会变得拥挤。当行李舱真的变拥挤时，大多数人都会抱着事不关己的态度。

因此，当你登上飞机时，你可能会发现，某人用外套、购物袋、折叠式旅行袋等扁平的东西占据了两三英尺的行李箱空间。或者，某人可能将背包或公文包横向放置，而不是竖向放置。人们常常横向放置有滚轮的行李，虽然这些行李完全可以竖向放置。

只需稍稍调整一下，你就可以将你的旅行包塞进行李箱里。不过，你可能从未尝试过这种方法，因为这需要触碰其他人的物品。当然，这是一种社交尴尬，你可能不想面对这种局面。

不过，这样做是值得的。这种交流不会超过 15 秒——而且，由于不需要托运行李，你可以在着陆时提前 20 分钟离开。

这里的关键是将你的包放在外衣、购物袋或折叠式旅行袋的下面。将背包立起来，以腾出空间，或者将其他人的滚轮行李转动 90 度，轮子朝里。只要考虑几秒钟，你总是可以找到更多的空间。

之前

之后

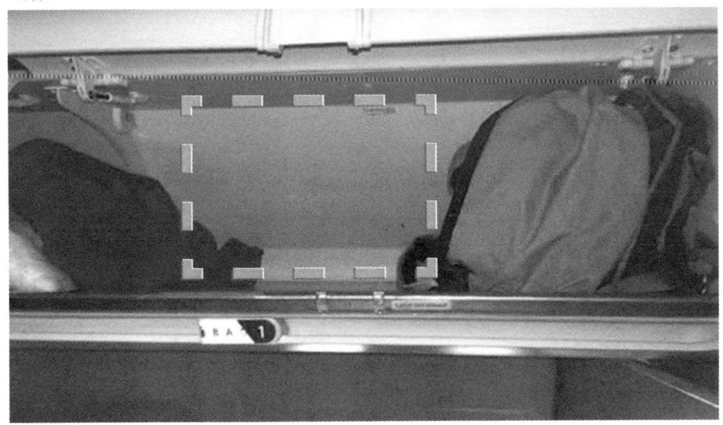

如果你需要移动某人的衣服或购物袋，应该提前说出你的意图。问问这一排的乘客：“你们是否介意我把我的包放在上面这件外套的下面？”没有人会介意。实际上，他们会欣赏你这种自信而聪明的做法。

价值 28 美分的销音耳塞

如果连续几个小时暴露在发动机吵闹的噪音中——即使是在飞机里——你的听力和大脑也会受到影响。这会使你感到疲劳。如果你能屏蔽这种噪音，你在着陆时会更有精神。

因此，Bose 等公司向经常乘坐飞机的富人销售 300 美元一副的销音耳机，并且因此赚了大钱。不过，如果你去药店购买 28 美分的泡沫耳塞，你也可以取得完全相同的效果。

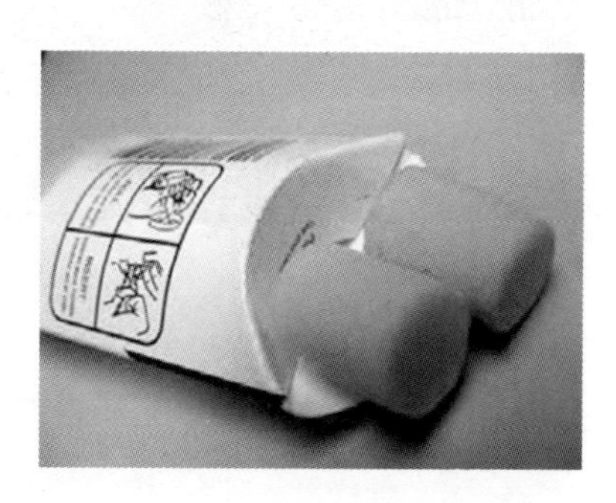

如果你多年来没有试过泡沫耳塞，你会对它的舒适性和防噪音能力感到震撼。你只需要把耳塞压扁，塞进耳朵里，然后按压大约 15 秒钟。它们会慢慢地膨胀，直到完美而舒适地堵住你的耳道，同时挡住试图进入耳道的大多数噪音。如果你的目标是消除噪音，那么这种耳塞和耳机一样有效——但它们不需要电池，几乎不会占据行李空间，而且会为你节省 299.72 美元。

唯一的缺点是，你无法像使用销音耳机那样听音乐或看电影。不过，如果你想在飞机上睡觉或看书，那么这些彩色的小泡沫可能是你所经历过的最好的旅行升级服务。

不为人知的飞机枕

有的人能在飞机上睡觉，有的人不能。有的人带了可充气的松软颈圈，用于在睡觉时支撑头部，有的人没带。

有的人知道飞机头靠拥有隐秘的枕翼，有的人不知道。

在大多数现代化飞机上，头靠两边各有一个枕翼，你可以用手将其拉到合适的位置上——作为头部两侧的支撑。

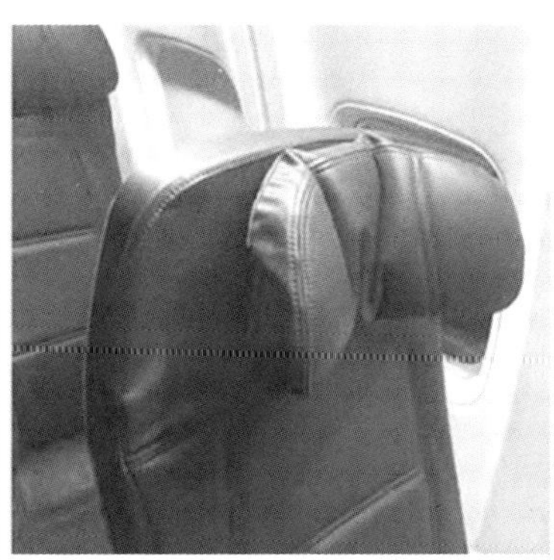

枕翼里面有一个有力的折页，因此每个枕翼可以保持在你所选择的角度上。它非常坚固，可以阻止你在睡觉时脑袋落在肩膀上。它和枕头并不完全一样，但它可以为你提供足够的支撑，帮助你在飞行时进入梦乡。

关于扶手的建议和规则

你知道大多数飞机上的扶手都是有铰链的，对吧？它可以翻起来，腾出空间。当你旁边有空位，而且你想平躺时，当你的孩子睡觉时，当你想和旁边的人（很可能是你认识的人）依偎在一起时，这是一种非常有用的方法。

在相反的情况下，这也是一种非常方便的做法：当你登上飞机时，你可能会发现，你和旁边的乘客之间没有任何分隔物。此时，你们之间肯定有一个扶手——只是被折了起来。

顺便说一句：你们永远不应该为扶手应该归谁而打架。坐在中间的乘客应该拥有两个扶手。这是一个非常好的潜规则。想一想中间的人有多痛苦，然后把一个扶手让给他吧。

如何立即理解另一种语言

有一个 app，可以实现这种功能。

当你身处另一个国家，所有的指示牌、地图、说明和菜单使用的都是另一种语言时，不要害怕。在聪明的智能手机 app 的帮助下，你可以无师自通地看懂德语、西班牙语、法语、意大利语、日语、中文和其他 85 种语言。

在你的 iPhone 或安卓手机上安装免费的谷歌翻译 app。现在，你可以通过四种形式输入需要翻译的内容：

直接输入。

用手指写出来（如果你站在某个标志牌前面，而你又不认识上面的字母，比如阿拉伯字母或日语字母，你可以使用这种方法）。

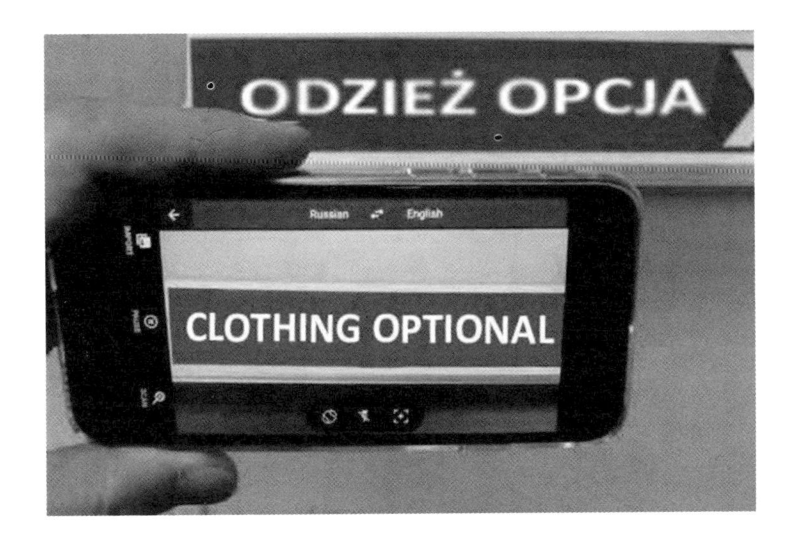

说出来。

用手机上的相机给它拍一张照片。

谷歌翻译会立即将其翻译成你的语言。这将是你在很长一段时间里所见到的最接近奇迹的事情。

顺便说一句，你也可以选择将词典下载到手机上，这样你在翻译时就不需要网络连接了。如果你身在异国，用网络传输一个词语需要花费 700 美元，那么你应该使用这种方法。

一眼认出你的行李

如果你在行李包上贴上某个明亮鲜艳的东西，那么当你在行李领取处拿包时，你可以更快地找到自己的行李。而且，你不太可能错误地拿走别人的行李。

即使你不是爱因斯坦，你也能想到这种方法。这很容易，很简单，而且非常有效。

那么，为什么这样做的人非常少呢?

找一条丝带、纱线或者彩带，现在就系在你的行李包上。你会获得很大的便利性。

航空公司的误机政策：基本知识

如果你经常乘坐飞机，你迟早会遇到问题。

你会错过航班，航班会延误，航空公司会在没有通知你的情况下取消航班。在这类情况下，你有什么权利呢?

你应该知道这些权利。它们是美国国内航班普遍使用的政策。

如果你错过航班。他们会尝试将你安排在同一航空公司的下一航班，通常不会收费。(一些航空公司也会收费；例如，美国航空收费 75 美元。)

如果你需要更改航班。如果你买到了不可退款的机票，你可以支付 200 美元的变更费，选择另一班次。你也可以花费差不多同样的价钱购买新的机票。

如果你的航班延误超过 4 小时。如果不是航空公司的错误——比如坏天气——他们会尝试将你安排在同一航空公司后面的航班。

如果是航空公司的错误（比如机械问题），他们会采取更多措施。他们可能会尝试为你安排另一家航空公司，为你提供酒店住宿券，或者为你退款。

如果你不使用返程票。什么都不会发生。你不会把钱拿回来。航空公司也不会做出任何反应。

如果你的航班延误，导致你错过了联系人。他们会为你安排另一个航班，甚至在必要时为你安排另一家航空公司。

如果你乘坐飞机参加葬礼。最后时刻的票价总是最昂贵的。因此，航空公司过去常常提供丧亲票价——去看望死亡或濒死直系家庭成员的人所享受的低票价。

过去几年，大多数航空公司取消了这种优惠。(达美航空仍然提供特殊票价，或者带有灵活旅行日期的票价；如果你在路上，需要尽快回家，达美也会为你取消返程飞机的变更费。你可能需要提供医院或殡仪馆的地址。)

手机上的旅馆价格更便宜

如果你需要在最后时刻预订旅馆房间——仅仅提前几天，甚至当天——那么如果你用智能手机订购，你可以节省很多钱。(使用 Hipmunk 或 Hotel Tonight 等 app，或者直接用手机上的网络浏览器。) 如果你在计算机上订房间，你需要支付更高的价格。

计算机

手机

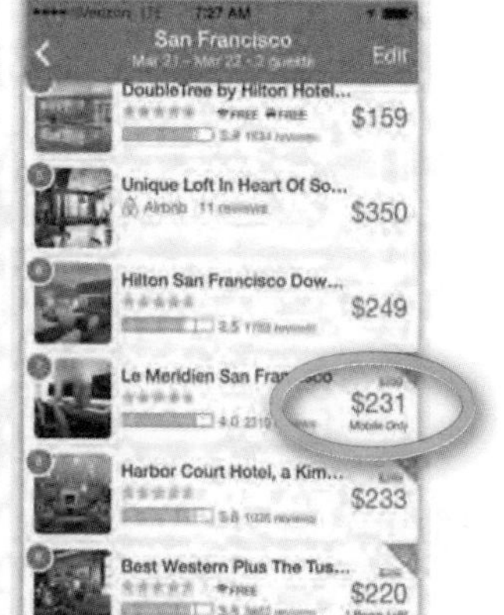

原因：酒店极力希望避免出现房间空置、无人租住的情况。某个房间赚点钱总比不赚钱要好。因此，他们在手机 app 和手机网络浏览器上贴出了极为优惠的价格，希望能够吸引那些出门在外、比较冲动的人，将无人租住的房间利用上。——亚当·戈尔茨坦。

存在于每个旅馆中的熨烫室

如果你的高档衬衫、外套或裙子在行李中产生了褶皱，别担心。在任何一个每晚超过 25 美元左右的旅馆房间里，你都可以在壁橱里找到熨斗和熨衣板。

如果你无法将褶皱熨平，你可以将它挂在浴室的浴帘杆上，将淋浴调到最热的温度，离开浴室，关上门。(和直觉不同的是，如果你在洗澡，这种方法就不起作用了；要想产生必要的蒸气，水温需要高于正常洗浴的温度。)

十分钟后，浴室里的蒸气和湿度就会使衣服的纤维松弛，使褶皱消失。关上淋浴。将蒸气放出去，让衣服冷却，然后你就可以穿上它了。

如何关闭旅馆房间的窗帘

为什么要订旅馆房间呢？一个合理的理由是，你可能需要一个睡觉的地方。

不过，考虑到走廊里的噪音，震耳欲聋的空调，陌生的床铺和永远无法关严的窗帘透出来的光线，你很可能无法睡得像在家里一样好。

幸运的是，你可以做出反抗。

例如，你可以关上窗帘。有时，窗帘会有缝隙，有时，窗帘会被空调吹开。不管怎样，你都会在上午 5 : 45 被阳光照醒。

下面是在关灯之前别住窗帘的三种方法。

将窗帘拉成重叠的状态，然后用椅子将其压在窗户上。

从书桌上拿一支钢笔，用钢笔的口袋夹将窗帘的下边缘别在一起。

要想使用更加专业的工具，在旅行之前带上一个长尾夹（那种大大的、带有弹簧的黑色金属纸夹）。用长尾夹将窗帘别住。

这种方法最困难的地方是在睡觉之前记得做这件事。在晚上，你可能不会想到黎明时窗帘的缝隙有多么耀眼。

如何折叠外套，使其不会在你的包里起皱

这是一个古老而惊人的裁缝技巧。你可以将运动上衣或西装外套折叠起来，将其塞到旅行袋、手提行李或拉杆箱里——不会使其凌乱或起皱。

1. 面对外套，就像你要把它反披上一样。将两只手伸到肩膀洞里，将外套悬挂起来。

2. 将两个手掌（以及外套肩膀）合在一起，如图 A 所示。

3. 抓住目前位于左腕下方的领子 B。将它向前拉，转到右边，转动左腕，让外套左肩膀翻过来，套在右肩膀上 C。收回手，抓住领子，让外套整齐地挂起来。将整个外套抖一下。

4. 将整个外套装进那种干洗店套在刚洗好的衬衫或外套上的塑料袋里。袋子的顺滑性可以阻止外套与其他物品滚成一团，出现褶皱。

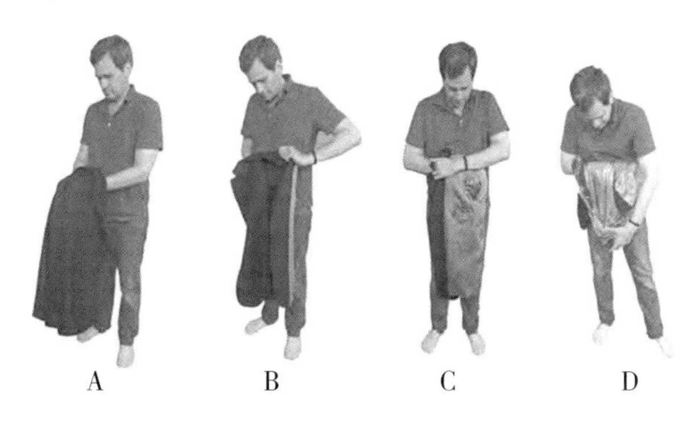

A B C D

5. 将外套对折， 装进袋子里 D。如果手提箱里有带子，用带子将这个包裹固定住，以防它在路上移动。

当你抵达目的地时，将外套从包里拿出来，打开并挂起来。(留下塑料袋；当你回家时，你还会用到它。）没有人会想到，这件外套被装在只有其一半大小的行李箱里，并且穿越了大半个国家。

迪士尼世界生存法则

每一个有小孩的家长都会对迪士尼世界感到深深的恐惧和愧疚。当然，对于孩子来说，这是一种难忘的经历。不过，这也是一种拥挤而昂贵的旅游陷阱，你需要为一个只有 90 秒的游戏项目排队等上几个小时的时间。

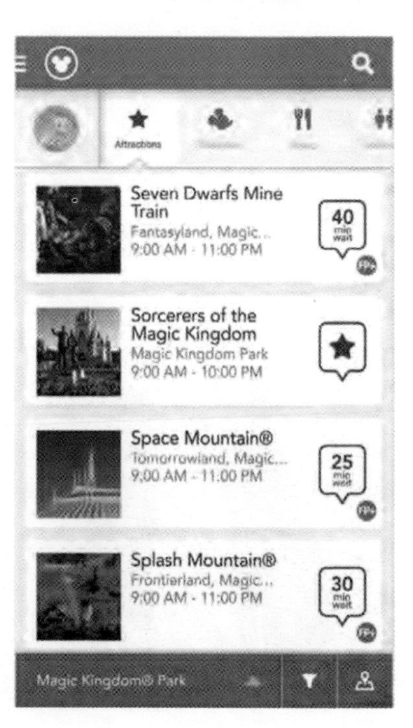

如果你愿意让这种昂贵的旅行变得更加昂贵，你可以买一张快速通行证。这种金色票据可以让你预约某个时间的某个游戏项目。到了这个时间，你可以跳过排队的人群。

你也可以使用另一种免费的方法——迪士尼世界 app。在智能手机上，这款令人难以置信的软件可以实时显示出公园每个游戏项目的排队时间。当你们家的迪士尼爱好者离开一个游戏项目时，你可以使用这款app查看下一个排队时间最短的项目。

如何反抗蛮横的羽绒被

羽绒被是一种巨大、厚重、蓬松的被子。它很软。它通常是白色的。它被视为时尚的奢侈品。

它正在占领世界各地的旅馆房间。过去，你的旅馆床铺是有层次的：一张被单，一两条毯子，然后是一张床单。

今天呢？羽绒被。

显然，旅馆行业还被蒙在鼓里，羽绒被也许是一种巨大、厚重、蓬松的白色被子，但它仅仅是一床被子。当你感到闷热时，你无法从上面剥下一层。你要么热得要死，要么冻得要死。

如果你不想整个晚上让这样一个令人窒息的东西压在身上，你该怎么办呢？

你应该变得聪明一点。经过思考，你发现，羽绒被是有被套的，就像枕头有枕套一样。你所面对的是一个薄被和里面的一个大布包。

如果你将被子从布套中取出来，你就只剩下了被套——它就像是世界上最薄、最柔软的睡袋。将被子扔在地上，将被套当成毯子使用。此时，你会感觉自己身上盖了一两张床单，你永远不会被自己的体温烤干。

时差反应的基本知识

当你飞到一个遥远的时区时，比如从美国飞到欧洲或亚洲，你会头晕，失眠，有时还会出现消化问题，这就是时差反应。新地点的阳光和饮食模式会打乱你的生理节奏。例如，你的眼睛可以看到天空中的太阳，但你的大脑仍然停留在原有的时间模式上，认为现在是午夜。

每跨越一两个时区，你通常需要一天的时间才能完全恢复正常。如果你的年纪比较大，你需要更长的时间。

多年来，旅行者、医生和愚蠢的人提出了各种治疗时差的秘方，比如吃某样东西，喝某东西，或者牺牲一些小动物。

不过，如果你想知道真正有效的方法，你应该看看研究人员提出的下面这些建议：

提前调整。如果你向东飞：将睡觉和吃饭的时间提前。如果你向西飞：将睡觉和吃饭的时间延后。这种方法的思想是在抵达新时区之前提供相应的刺激。

类似地，专家建议你在飞机上将手表调整到新的时区——这是一种心理暗示。

最后，如果你去的地方是白天，努力在飞机上保持清醒。如果你去的地方是晚上，努力睡觉。(许多人为此服用褪黑素片——在新的睡觉时间之前一小时服用，做好未来八小时昏昏欲睡的准备——不过到目前为止，关于这种药物减缓时差反应的研究并没有得到明确的结论。)

在飞机上喝水。专家表示，问题的一部分原因在于，乘坐飞机会让你脱水。机舱里的湿度大约是12%——比沙漠还要干。飞行时，应该多喝水（不能喝酒，喝酒会让你更加脱水）。

让太阳帮助你。当你着陆时，在阳光下待上一段时间：如果你向东飞，你应该在下午晒太阳；如果你向西飞，你应该在早上晒太阳。这样可以使你身体内部的时钟更好地适应新的时区。

洗热水澡。当你抵达目的地时，睡觉前洗热水澡可以帮助你在新的睡眠时间入睡——因为这样可以让你放松下来，而且当你离开浴盆时，你的体温会下降，这会让你产生睡意。

饮食与此无关。研究表明，没有任何一种特定的食物会对时差反应产生影响。

第五章

服　装

你早晚都要穿衣服，这几乎是一条颠扑不破的规则。

考虑到你需要在服装上花费的大量时间，你也许应该掌握这方面最深刻的奥秘。

系鞋带的正确方法

也许你认识一个孩子。也许你曾经是一个孩子。不管怎样，你都会遇到鞋带经常松开的问题。

原因很简单：你一直在用错误的方法系鞋带。

用专业术语来说，你一直在系“老奶奶结”。这种结的特点是蝴蝶结圈往往从脚后跟指向脚趾，而不是漂亮地横过来。

只要将系蝴蝶结的正常顺序做一个简单的更改，你就可以系出正确结实的蝴蝶结，而不是老奶奶结——而且鞋带不会松开。

你知道系鞋带的第一步吗？就是把一根鞋带塞到另一根鞋带下面，然后拉紧。(图 1)

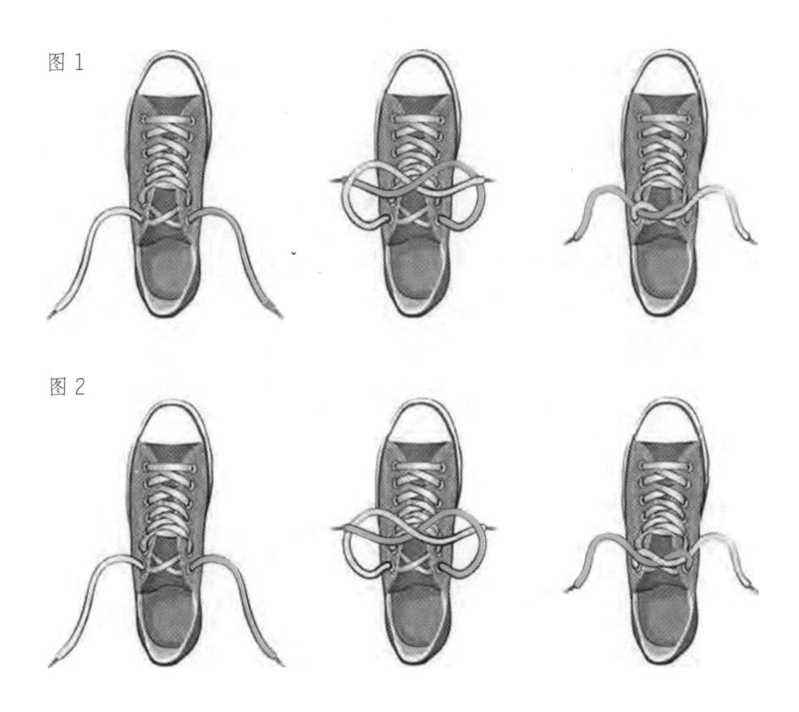

正确的方法是颠倒鞋带的顺序。你不是用左边的鞋带头盖在右边的鞋带上，而是用右边的鞋带头盖在左边的鞋带上（图 2）。当你系好蝴蝶结，拉紧鞋带时，蝴蝶结圈将沿着水平方向出现在鞋子上——而且鞋带不会松开。

解鞋带的正确方法

当你想要解开标准蝴蝶结的鞋带时，如果你拉动错误的一端，你会感到很麻烦，不是吗？当你拉动这根鞋带时，你会打出一个更紧的结。

这件事情以后不会发生了。因为你现在知道，你每次都应该拉动短一些的鞋带头。当你拉动这一头时，鞋带总是可以解开。

多出来的神秘鞋带孔

它们一直都在那里，任何想到它们的人都会产生神秘感。它们是跑鞋上一组多余的鞋带孔，位于脚踝附近。它们稍稍偏离正常鞋带孔所在的直线——它们到底是做什么用的?

它们用于“足跟锁”。这是一种特殊的系鞋带方法，可以更好地固定脚踝周围的鞋子结构——使你远足时脚踝晃动（导致起泡）或者长跑时踢到鞋子前端（导致黑趾综合征——别问我这是什么）的可能性降至最低。

足跟锁（有时叫鞋带锁）的设置步骤位于系鞋带之前。首先，用挂在右边的鞋带穿过同一边顶部的足跟锁孔，弄出一个环；在左边做同样的事情。

接着，用每个鞋带头穿过你刚刚在另一边弄出的环，如下面的箭头所示。

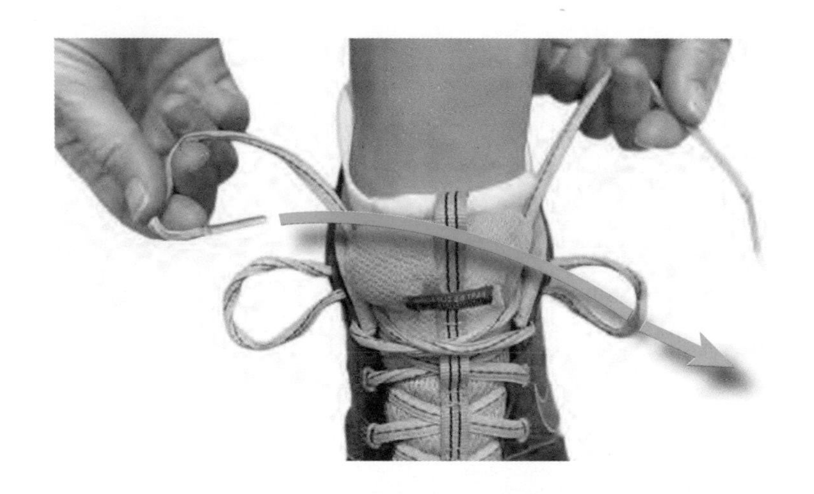

系紧鞋带（向下拉，而不是向上拉），使鞋子贴在脚面上。

现在，和以前一样系鞋带。

你将获得非常舒适的体验——而且你终于知道了为什么鞋子上会多出来两个孔。

如何避免人字拖鞋的“脚趾撑”掉出来

是的，是的，我知道，你的人字拖鞋只有6美元，而且是用廉价的泡沫橡胶做的。不过，当你将“脚趾撑”从鞋底上的小洞中拉出来的时候，你仍然会感到很痛苦；有时，这双鞋就这样毁掉了。

如果你希望避免这种灾难，你可以用面包包装上的那种塑料片保护鞋子的脚趾撑——或者从人造黄油桶的盖子上剪下一个圆片。不管使用哪种方式，你都可以避免人字拖鞋的脚趾撑掉出来。

刚刚买到男士西装外套时需要做的三件事

剪下袖子上的白色小标签。

剪开缝死的口袋。（它们不应该一直处于缝死的状态。）

扯下肩部和衩口的白色疏缝线。

男士着装基本知识

注意，男士们。这份整齐的清单是我 10 年来阅读《智族》和《时尚先生》时收集到的现代时尚要点。

- 你的鞋子和皮带应该匹配：棕配棕，或者黑配黑。
- 不管你的外套上有多少个钮扣，不要扣上最下面一个钮扣。
- 不要同时穿吊裤带和皮带；一次只穿一样。
- 你的裤长应足以碰到鞋面并稍稍“打折”（弯曲）。
- 你的袖子应当在手腕处露出大约半英寸的衬衫。
- 正确的领带系法应当使领带尖碰到皮带顶端。
- 穿短裤时，不要穿袜子（至少不要穿明显的袜子）。
- 穿凉鞋时不要穿袜子。
- 袜子应当和裤子匹配。
- 白袜子只适合运动员穿。
- 如果你把衬衫塞到裤子里，你应该系皮带。

当然，时尚的本质是做你自己；没有人能对你下达着装命令。

另一方面：在你有资格成为规则破坏者之前，了解规则常常是有好处的。

伟大的美国着装要求简写词典

你的请柬上通常写着“商务休闲”，或者“时尚休闲”，或者“活力装束”，或者“非正式”。它们是什么意思，它们的正式程度如何？你并不想成为老板退休宴会上唯一穿短裤的人，对吧？

下面是超级精简版本的备忘单。

白领结。男士：黑色燕尾服、白色背心、白色蝴蝶领结。女士：拖地晚礼服。

黑领结。男士：无尾礼服、黑色背心或宽腰带。（如果是“黑领结可选”，你也可以穿深色西装和领带。）女士：长款晚礼服或者考究的常礼服。

半正式。男士：深色职业装，领带。女士：常礼服；考究的长裙和上衣；或者黑色小礼服。

节日装束。男士：运动外套、开领衬衫、宽松长裤。女士：常礼服；考究的长裙和上衣；或者考究的裤装。

商务正装。男士：深色职业装、领带。女士：西装、商务连衣裙，或者连衣裙配外套。

鸡尾酒装束 / 非正式。男士：深色西装。女士：雅致的短款礼服。

商务休闲 / 时尚休闲。服装界存在几十种定义。不过，下面这些是没有疑义的：男士是宽松长裤和有领或领扣式衬衫。（有时会提到轻便上衣。）女士是裤子或齐膝裙，以及女式衬衫或有领衬衫。男士和女士都不能穿牛仔裤、短裤和运动装。

休闲。什么都行。牛仔裤、T 恤或 polo 衫、旅游鞋——这些都可以。

如何找到那个隐形眼镜、小螺丝或者耳环

掉到地板上了，对吧？不要做出电影里的那种滑稽表现，在

东西掉了以后走来走去，缓慢地检查地板，直到某一脚踩出可怕的响声。

相反，用橡皮筋将一块薄薄的布或网绑在真空吸尘器的吸嘴上。比如，你可以使用一条尼龙袜，或者一只薄袜子，一块手帕布，或者T恤。

当你慢慢扫过地板时，这种吸力最终会将你的隐形眼镜、小螺丝或者耳环吸上来——贴在纤维上。

洗衣服的基本知识

如果你有多年的洗衣经验，恭喜你！不过，如果你刚刚开始接触洗衣房/烘干房，你应该了解下面的原则：

- 将白色和浅色的衣服与深色和艳色衣服分开洗涤。这是为了避免深色衣服上的染料染到浅色衣服上。(红色 polo 衫 + 白色内衣 = 粉色女士内衣。)

- 在你将每件衣服扔到洗衣机里之前,对这件衣服进行检查。翻翻衣兜。如果看到一个污点,应该将 Resolve、Tide Boost 或 Shout 等预处理喷剂或凝胶喷在污点的正反面。
- 在过去(在父母那个年代),人们会告诉你用温水洗白色和浅色的衣服,用凉水洗艳色和深色的衣服。如今的洗衣液既适用于热水,也适用于冷水 所以,你可以完全用凉水进行洗涤。是的,这很激进,但它是事实。你的衣服可以维持更长的时间,你也可以节省资金,因为你的热水器可以得到休息。
- 将洗衣液倒进瓶盖里,将瓶盖当作量杯使用。然后,将洗衣液倒进洗衣机里。
- 当洗涤循环结束时,取出每件衣服并抖开,然后放进烘十机里。
- 烘干机具有四个鲜明的特点:性感、拉伸性、可视性、脱水性。

如何为你的脸选择合适的眼镜框

也许你会找到一个自己所喜爱的镜框。这当然很好。

不过,如果你需要一些指导,你可以听听专家是怎么说的:你的眼镜样式应当由你的脸型来决定。一般来说,镜框形状应当与脸型形成对比,眼镜大小应当与你的脸盘大小成比例。

你的基本面部轮廓是什么样的呢？下面是五个标准形状，以及通常最适合你的镜框建议：

三角形。下颌最宽，额头最窄。眼镜：选择略宽于下颌轮廓的镜框，以平衡脸型。镜框顶部的花样（厚顶边、猫眼镜框、装饰）也有助于平衡宽下巴。

圆形。圆圆的额头，圆圆的下巴，平缓的下颌轮廓。眼镜：选择方形或长方形的镜框。你需要添加棱角，最好是横边比竖边高的棱角。应回避圆形镜框和过大的镜框。

椭圆形。窄额头，锥形下巴。眼镜：任何样式，除了过大的样式。

心形。宽额头，窄下巴。眼镜：你应该最大限度地缩小前额宽度。所以，应回避上方厚重宽大的镜框或猫眼镜框。

方形。宽额头、宽脸颊、宽下巴或硬朗的下颌轮廓。眼镜：你应该添加曲线，以软化面部结构的棱角，所以圆形镜片的效果是很好的。应回避四方镜框或上方厚重的镜框。可以试试比面部最大宽度更宽的镜框。

第六章

外　出

当你酒足饭饱、穿戴整齐时，你就可以去某个地方了。如果你记住下列建议，你可以节省很多时间和精力，减少不必要的麻烦。

用手机上的相机辅助记忆

你可能认为，手机上的相机是照相的工具。这是一种合理的观念。

不过，真正精明的生活能手用这个工具来辅助记忆。你可以照一些临时照片，这些照片也许只会被你使用一次，然后就会被删除。

值得将一个画面作为临时参考记录下来的场合数不胜数；你应该养成照相的习惯，这才是最重要的事情。例如，你应该为下列内容拍照：

停车场空间上方的指示牌，这样你就能记得自己的停车位置了。

你借给朋友的某东西（连同朋友一起拍下来），这样你就能记得借给谁了。

购物之前打开的冰箱，这样你就不需要回忆是否缺少牛奶、蕃茄酱、面包或者其他食物了。

你正在租用的汽车上的划痕和凹陷，当他们随后指责你弄出这些划痕时，你就有证据反驳了。

拆线之前电脑或电视后面的电缆连接，当你随后重新组装时，你就能记得连线方式了。（当你搬家或者仅仅搬动电视或电脑时，这是很有用的。）

出租车执照（牌照或者驾驶室里张贴的驾照），这样你就可以跟踪你所遗忘的东西了。

你的停车票或存衣票，即使票据丢失，你也可以知道自己的号码。

在游乐园门口为你的孩子拍照，如果你们走散，你就可以精确地告诉保安人员你的孩子穿的是什么衣服。

海报或商务名片上的手机号或网址，你可以随后进行参考。

在机场托运行李时给行李拍照，当行李丢失或损坏时，你可以向人们展示照片。

手机拍照方便快捷，没有成本，而且几乎不占用空间。在某些情况下，包括性命攸关的情况下，它可以成为完美的记忆辅助工具。

从山上向下滑行的单车骑行教学

从双轮文明诞生的那一刻起，我们一直在以同样的方式教导我们的孩子骑自行车：紧紧抓住自行车尾部，跟在自行车旁边疯狂地奔跑，弯着腰，大声喊出鼓励的话语。

这里的问题是，可怜的孩子需要同时学习许多事情：平衡，踩踏板，把握方向。

使用辅助轮并不能解决所有问题。它们无法真正教会孩子最难的部分——平衡——因此它们并不能真正优化学习过程。

实际上，有一个更好的方法——草坡方法，准备好了吗？

将座位调低，使你的小骑手两只脚能够接触地面。

从平缓的草坡中间开始。鼓励她将脚离地一英寸——然后从山上向下滑行。如果愿意，她可以用脚控制速度。重复一两次，逐渐将起始点向山顶移动。大方地赞扬她的表现。

最初，你只是教她掌握平衡，并没有考虑方向和踏板的问题。看看这种教学方法的效果如何。

经过几次练习，让她试着一只脚踩在踏板上从山上向下滑行。然后两只脚踩在踏板上。

没有人受伤吧？最后，她可以试着转动踏板——从半山腰开始。

你也许可以预测到最后的步骤：逐渐将座位提高到理想的位置，教她在平地上开始骑行（首先将踏板放在面向自行车两点钟的位置，这样最容易向下蹬）。

当你们可以开始第一次共同骑行时，别忘了为你的孩子提供冰淇淋奖励。

为野餐饮料降温

自从人们首次举行公司野餐以来，我们一直都是通过在野餐冷藏箱里加冰的方法降低食物温度的。

如果冷藏箱里装的是肉和奶酪，这是一种不错的方法。不过，如果是汽水或啤酒等饮料，你可能希望冷藏箱的温度更低。你可能希望它变凉，甚至变得冰凉。而且，你可能希望它迅速变凉。

如果你只是将冰放在冷藏箱里，你会失望的：冷藏箱里的温度永远不会低于冰箱。准确地说，冷藏箱里的温度永远不会低于冰的熔点：0 摄氏度。

不过，你可以让饮料低于这个温度——变得“冰凉”；根据米狮龙的说法，这是啤酒的完美状态。方法是在冰水中加盐。

关于盐，有一件有趣的事情：它可以降低水的结冰温度（从 0 摄氏度降至零下 9 摄氏度），这就是我们冬天在人行道上用它来除冰的原因。盐水可以使液体维持在低于正常水温的温度上。例如，你可以根据这个原理在冰淇淋机的冰中加盐。

下面是关键的技巧：在冷藏箱中加入一两勺盐，将它和冰混在一起。你可以使用食盐，岩盐，或者市场上销售的“冰淇淋盐”和“人行道盐”。

冷藏箱里的水将很快变得超级冰冷，你的饮料也是如此。这是因为水的温度极低，而且你的瓶瓶罐罐浸泡在水里。如果只是使用冰块，不是所有瓶瓶罐罐都能接触到冰块。

（融化的盐当然是咸的——所以不要忘记在畅饮之前擦拭饮料罐。）

不管是哪种情况，这种方法甚至可以将汽水变成半结冰状态，使其变得极其清爽可口。这种方法也可以用于迅速冷却西瓜——或者冷却一瓶白葡萄酒或香槟。——罗伯特·克里斯滕森

使用自行车变速器的正确方式

如果你买了新自行车，只要使用一段时间，你就会知道变速杆向哪边移动是高挡位（下山时更强的动力），向哪边移动是低挡位（更容易蹬车上山）。

当然，当你在路口停车时，你通常希望使用低挡位，这样你很容易蹬车起动。

不过，你只能在移动时调整自行车的变速器。因此，当绿灯亮起时，大多数人先是起动车子，然后才能转换到低挡位。问题是，你需要从完全静止状态以之前的挡位（用于高速的高挡位）起动，同时调整到新的挡位。于是，你的车子会摇摇晃晃，噼啪直响，而且你的齿轮也会承受很大的压力，这对你的车子和你的公众形象都会带来负面影响。

调整到低挡位的最佳时间是你停车之前仍然处于运动中的时候。当你再次起动时，你会感到舒适而稳定，而且看上去像个专业人士。

如何戴着太阳镜观看平板电脑

偏光太阳镜会对 iPad 和其他一些平板电脑产生一种奇怪的效果：使屏幕完全黑掉。

不过，这种奇怪的效果有一个特点：它只能阻止一个方向的光线。换句话说，如果你将 iPad 旋转 90 度（使其横边长于竖边），你就可以重新看到图像。

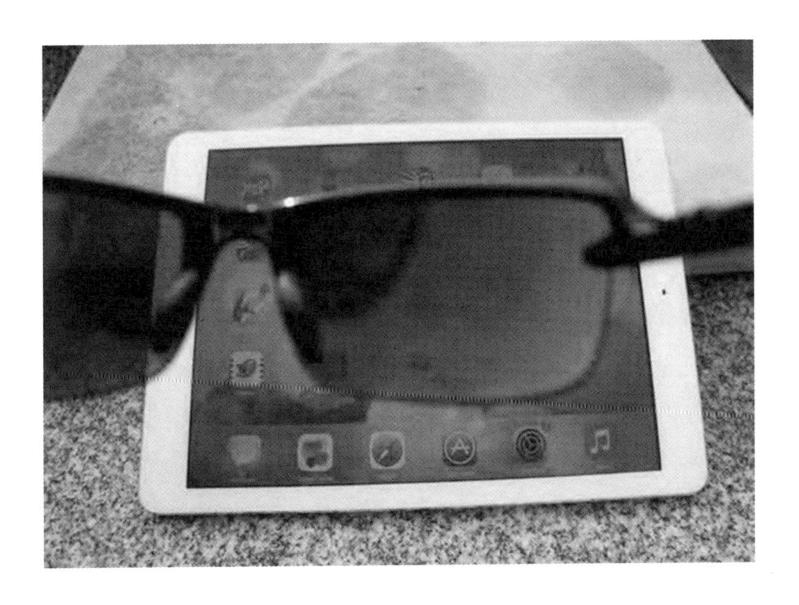

你需要知道的延保秘密

延保（延长保修）几乎永远不值得购买。

这是《消费者报告》多年来跟踪产品失效率和延保项目得出的结论。

当你为汽车、手机、洗衣机、冰箱或微波炉支付额外费用以延长保修期时，你其实是在假设这个产品将来会坏掉。实际上，它们几乎永远不会坏掉——当它们坏掉时，这通常发生在原始保修期之内（比如购买后的第一年）。

不过，40% 的冰箱购买者仍然会支付延保费用，这是“情绪”和“销售人员施压”这两个因素共同作用的结果。销售人员通常可以通过销售延保获取佣金。而且，你经常会产生罪恶感，担心如果机器在保修期之外坏掉，你就会为自己没有抓住机会购买延保而内疚。

有少数情况例外，比如二手车，或者包括丢失和跌落在内的移动设备全套延保（如笔记本电脑和手机）。

不过，总体而言，购买延保是一种浪费资金的行为。

改变信用卡到期日

如果你是忠实的消费者，你每月都会付清信用卡账单。你可能习惯于在信用卡公司要求的到期日付款——也许是每月的 12 号，也许是 20 号，或者其他任何日期。

不过，你知道吗？每月的到期日是由你决定的。

你可能希望将其改到每月第一天，以方便记忆。或者，你可能希望将 Visa 卡的到期日与美国运通卡的到期日错开。或者，你可能希望将所有卡的到期日调整到同一天，以简化操作。

你只需要提出要求就可以了。拨打信用卡公司的客服电话，将你所希望的日期告诉他们；他们会为你设置。——莎拉·索尔尼克

如何找到 800 电话号码

下次当你需要寻找某个公司的客服号码或者电子邮箱地址时，不要在其网站上浪费时间，这会让你备受挫折，许多公司将联系信息隐藏在很深的地方，或者干脆没有提供这种信息。

相反，直接去谷歌上搜索。例如，你可以搜索“网件支持”(netgear support)、“阿维斯客服邮箱”(avis customer service email) 或者“麦当劳 800 号码”(mcdonalds 800 number)。你会为这种信息查找方式的便捷性感到吃惊。

或者访问 www.contacthelp.com。这个免费网站维护了全球各家公司最新客服联系信息的数据库，包括电子邮箱、手机、网站、营业时间等信息。

第七章

动　物

在你的生活中，有呼吸的活物不仅包括人，还包括动物。在应对动物方面，你也应该了解许多小智慧——尤其是宠物和小虫。请继续阅读吧。

如何不让狗变成讨厌的乞讨者

当你坐下吃饭时，你的狗可能会用又大又圆的眼睛哀怨地看着你。它可能会将温暖柔软的唇突放在你的大腿上。它可能会像乞求你一样不停地摇尾巴。你怎么忍心不扔给它一点食物呢?

不要这样做。一旦你给了它食物，你就会告诉它，乞求可以获取食物。在以后的岁月里，每当你坐下来吃东西时，它都会过来打扰你，向你乞食。

反过来，如果你从不对它的乞求给予奖励，它就会停止这种行为。你和它都会变得更加快乐。

如何避免永远失去宠物

如果你的猫或狗平时经常待在室内，那么当你发现它溜到外面、不见踪影时，你会感到非常担心。

你拿着手电筒出去，哭泣着呼唤它的名字，后悔之前没有把事情做好。

你现在就可以把事情做好。这个星期就去看兽医，在狗或猫的身体里植入一个微型标识芯片。

这个芯片大约有米粒那么大；只需 45 美元，你的兽医就可以将其植入到宠物的皮肤里。(这并不疼。) 这个微型芯片不是 GPS，不需要能量；相反，当某人拿着专用读码器在它身上扫过时，这个芯片就会使读码器显示出一个标识号。这个号码被存储在一个中央宠物登记处，而这个登记处维护了你的最新联系信息。(连续监测等服务可能需要月费，但你不需要支付这种费用；标识查找是免费的。)

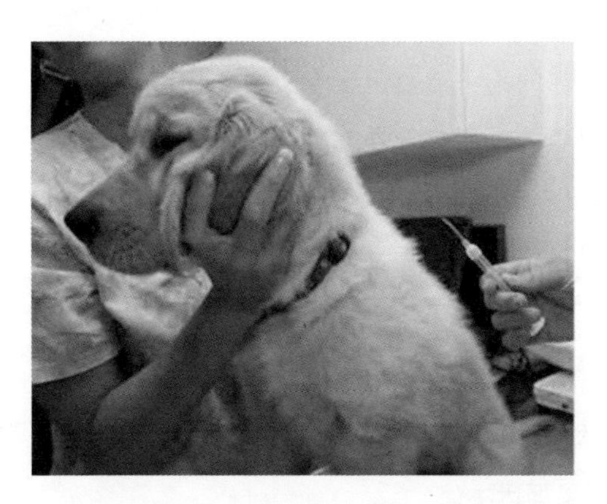

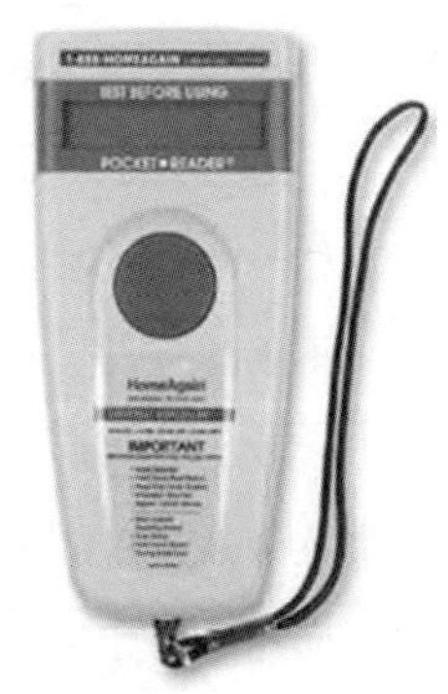

重要的是，如果有人发现了你的宠物，将其交给兽医、城里的动物控制部门或者“防止虐待动物协会”，他们就会使用读码器，你就会把宠物找回来。就这么简单。

另一方面，如果你的宠物没有微型芯片或者项圈，那么你将它找回来的可能性就很小了；对于没有项圈的猫，这个概率不到 2%。

把你的猫找回来

如果你那只整天待在家里的猫突然出了门，不必过于担心，因为猫不喜欢远距离旅行。即使过了好几天，你的猫可能仍然位于与你的房子相距几所房子的地方。

首先查找房屋或楼宇的边边角角；待在开阔地带不是猫的风格。查找每一个可以藏身的地方：露天平台、灌木丛、管线空间、楼梯井、车子下面等。

如果你还是无法找到它，你可以分发传单，拜访邻居，在 Craigslist 上张贴带照片的广告。猫会在白天躲起来，这意味着你的最佳搜寻时间是在晚上。使用非常明亮的手电筒扫描附近的住宅；寻找猫眼反射出来的光亮。带上一些猫儿喜欢的东西，以便在你找到它时将它吸引过来。

当然，如果你为猫植入了微型芯片，你就不会感到特别惊慌了。

把你的狗找回来

如果最糟糕的情况真的出现，你的狗真的走丢了，你该怎么办呢？当然，你应该做所有那些常规工作——拜访邻居、分发传单、到处喊它的名字。

不过，你还有另一种找到它的方法。

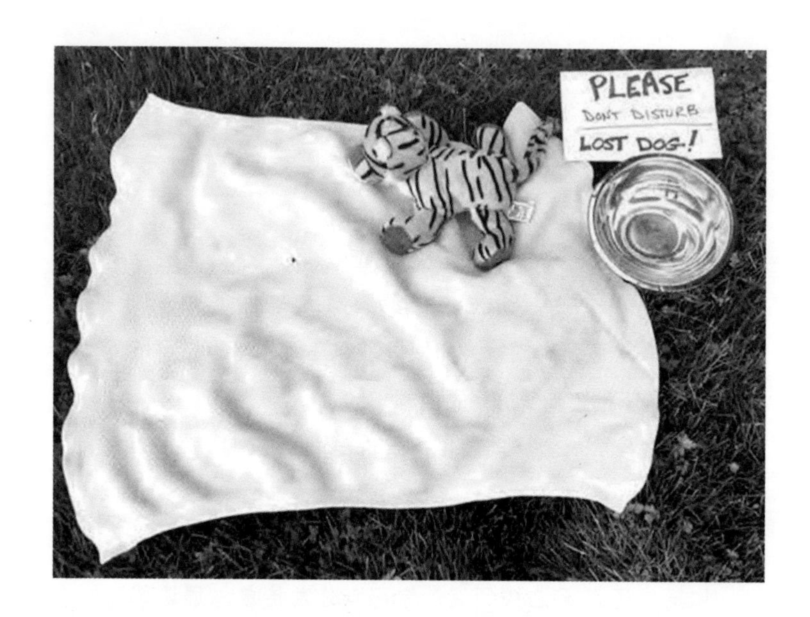

收集一些拥有你的味道——或者狗的味道的物品。你整天都在穿的衣服。狗的毯子、床、箱子或者玩具。将它们放在你最后一次看到狗的地方。留下一碗水（你的小狗会口渴），但不要留下食物（其他动物会将食物吃掉）。留下一张便条，告诉路过的人不要破坏这种设置。

每天检查至少一次。最终，当你返回这个地点时，你会神奇地发现，在味道的帮助下，你最好的朋友正在这里等着你。

如何接近陌生的狗

如果一只陌生的狗摇着尾巴抽着鼻子走向你，你可以很明显地判断出，它对你很友好。

如果你不知道一只狗是否友好，或者你遇到了一只害羞的狗，你可以采取下面这种不具有威胁性的友好行为：

保持缓慢而温柔的动作。蹲下来（避免威胁到它）。掉转视线，不要和它对视（嘿，你不应该盖过它的气势！）。伸出你的手背让它慢慢闻；对于狗来说，它是在阅读你的“简历”。

当这种仪式结束时，摸摸它的下巴，密切关注它的情绪。如果你去拍狗的脑袋，你可能会把胆小的狗吓到。

关于宠物毛的窍门

如果你有一只狗或者一只猫，而且它喜欢到处跑，那么你的家具上很可能会出现宠物毛。

当然，你可以购买专门用于清理宠物毛的撕纸式黏刷。不过，你知道更加便宜便捷的方法吗？用湿海绵反复沿同一方向擦拭，将宠物毛卷成一团，沾在海绵上。摘下宠物毛，将其扔掉。

也可以使用打包带和宽遮蔽胶带。

这些材料都可以实现宠物毛和家具的分离。

关于蜜蜂的安慰性忠告

蜜蜂对蜂王和蜂巢的保护意识非常强。如果你弄坏蜂巢，蜜蜂就会飞过来蜇你。

不过，请注意：当它们远离蜂巢时，它们非常温和。它们完全没有蜇你的兴趣。在这种情况下，蜜蜂蜇你的唯一理由就是你在威胁它——你做出过激的反应或者去打它。

如果蜜蜂落在你身上，你只需要保持镇定，等着它飞走。如果愿意，你还可以对它吹气。蜜蜂会认为你是一阵轻风，因此会飞到另一个没有太多风的地方。

有时，下面这些东西会将蜜蜂吸引到你身边：香水、颜色鲜艳的衣服、你手里的含糖汽水。

（如果你被蜇，应用指甲将刺刮落；如果用镊子或手指将刺夹出来，你会将更多毒液挤到你的身体里。用肥皂和水清洗刺痛部位；使用冰敷；避免划伤。当然，如果你出现过敏反应，应当立即接受医疗救助。）

第八章

如何整理一切

你知道，生活是凌乱的。这不仅是指工作、人际关系和财务上的凌乱，也是指字面意义上的凌乱。多年来，聪明的家庭主妇和化学家发现了一些整理物品的巧妙而高效的方法。下面是其中的精华：

了解含氧清洁剂

当你的衣服上出现有机物污渍时——草、蕃茄酱、血迹、宠物污渍、果汁、咖啡等——你应该知道含氧清洁剂（有时叫做氧漂剂），比如 OxiClean、Sun Oxygen Cleaner 和 BioKleen Oxygen Bleach。这些产品可以释放微小的氧气气泡，将布料或地毯上的有机污渍和气味吸走，而且非常有效。它们也是无毒的，而且比漂白剂和氨水更加环保。

如果你想省一点钱，你也可以自己制作含氧清洁剂。你可以在网上找到制作说明，下面是一个简单的配比：你可以将一份小苏打、一份过氧化氢和两份水混合在一起。

在下面的建议中，你会在一些地方看到氧漂剂；现在你知道它是什么了。（另一个建议：请遵守指导。使用过多的氧漂剂可能毁坏布料，这比草渍更加令人尴尬。）

去除红酒污渍

要想去掉衣服上的葡萄酒污渍，关键在于冷水。将衣物长时间浸泡在冰冷的水中：如果可以的话最好泡上八小时或者一晚上。

这样应该可以解决问题。不过，如果仍然存在轻微的粉色污渍，将这个有污渍的地方浸泡在常见的含氧清洁剂溶液中：一汤匙含氧清洁剂加两杯非常热的水。污渍将在15分钟的时间里消失。不用谢我。

快速清洗蕃茄酱污渍的妙招

一滴蕃茄酱离开汉堡，在你的衬衫上着陆了。欢迎加入倒霉俱乐部。

拿出一个勺子或黄油刀，刮掉尽可能多的蕃茄酱。

现在，用强烈的冷水流冲洗衣物的反面——其目的是将尽可能多的物质冲掉。(是的，这通常意味着你要把衣服脱下来。)

如果衣物正面仍然留有蕃茄污渍，你需要借助化学物质来将它洗掉。用两杯非常热的水和一汤匙含氧清洁剂粉末（见前面的建议)，调制成清洗液，然后将衣服上染上污渍的地方浸入溶液。污渍通常会在一小时内消失。

如果你的衣服、家具或者地毯上沾了血迹，最重要的事情是在其变干之前用冷水冲洗。一旦血液凝固，清洗就会变得非常困难。(因此，你不应该用热水，因为热水有助于血液凝固。)

网上的一些热心人士发誓说，你自己的唾液也可以溶解刚刚弄上去的血迹。（他们似乎在说，你的口水里含有某种酶，但酶并不能溶解蛋白质，因此这里面一定有其他原因。）

如果血迹已经变干，应首先将其浸在冷水里。你可能需要另一个人用蘸有过氧化氢的棉球擦拭（这两样东西都可以在药店买到），或者洒上一些盐水。

如何去除丑陋难看的烛蜡

也许蜡烛点的时间太长了。也许你在做蜡染布或扎染布时溅出来一些蜡。也许你在为滑雪板上蜡，弄得满身都是。

不管是哪种情况，蜡都有可能出现在它不应该出现的地方——

比如烛台上、桌布上，或者桌子上。下面是完整的除蜡指导：

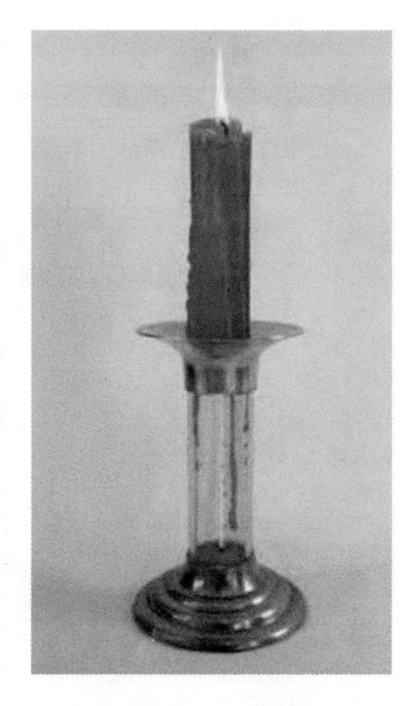

烛台上的蜡。你可以低效地用指甲将其抠掉——或者将其放在冷柜里冻20分钟。

然后，你可以直接将蜡掰下来。如果有任何残留，将烛台浸在沸水里，将其熔掉。

布料或地毯上的蜡。将牛皮纸袋、纸巾或黑白报纸的一部分盖在溅蜡的地方。现在，将熨斗的温度设为中等，隔着纸熨烫蜡迹。蜡会熔化，沾在纸上，脱离原物体。不要使用蒸汽，也不要熨活物，比如人。如果蜡位于塑料制品上，将熨斗调到非常低的温度——或者使用吹风机。

木桌上的蜡。将冰块放在塑料袋里，按在蜡滴上，直到蜡变硬变脆。现在，你可以用信用卡将其刮掉；最后，按照正常计划的时间抛光即可。

去除手上的异味

在你切割或触碰洋葱或大蒜后，你可能会注意到，你的手上会有洋葱或大蒜的味道。（真奇怪！）不管你洗多少次手，你似乎无法消除这种味道。

解决办法是用牙膏擦手。你不仅可以消除洋葱、大蒜的味道，而且可以减少手上的皱纹，使你的双手恢复生机。

如何去除衣服上的口香糖

将其冷冻。

真的，没骗你。当你冷冻衣服（以及口香糖）时，口香糖会直接掉下来。

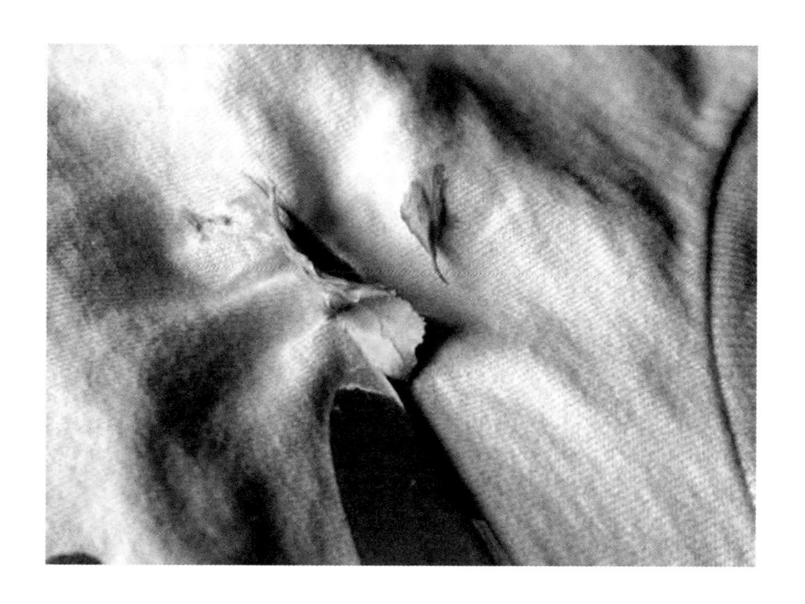

用婴儿润肤油保养不锈钢的技巧

不锈钢和婴儿润肤油的技巧是这样的：用婴儿润肤油清理和擦拭烤炉、冰箱、火炉等物品的不锈钢。这比不锈钢抛光剂要便宜得多，而且非常有效。

白板笔可以擦除永久性记号笔

某个白痴用永久性记号笔在你的干擦白板上乱涂乱画？

不要着急。白板笔的墨水中包含一种强力溶剂。如果有人用sharpie笔在你的白板上写字，你可以用白板笔仔细地在上面描一遍。然后，在墨汁还未干时，像平常那样用干擦擦除器擦拭。（如果需要，重复这一过程。）

不管你信不信，这就是去除“永久性”墨水最快最好的方法。

去除白色热印和水圈的技巧

你知道什么是客人吧？他们令人无法忍受，你又拿他们没办法。

他们将热盘子放在木质家具上，留下发白的热印。他们将湿杯子直接放在木头上，留下水圈。

下面是清理方法：

热印。用纸巾或软布将少量蛋黄酱涂到木头上。转圈擦拭，然后擦干。

水圈。信不信由你，同样的蛋黄酱技巧也适用于水圈。少量涂抹，转圈擦拭，然后擦干。

如何处理物品

你常常会吃惊地发现，这个世界上有人愿意出钱购买你想要扔掉的垃圾。当你清理车库、顶楼、橱柜时，请不要忘记，你可以使用 Craigslist 和 eBay。

如果你没有时间处理潜在买家，而且愿意让某人把你的东西全部搬走，请访问 Freecycle.org。

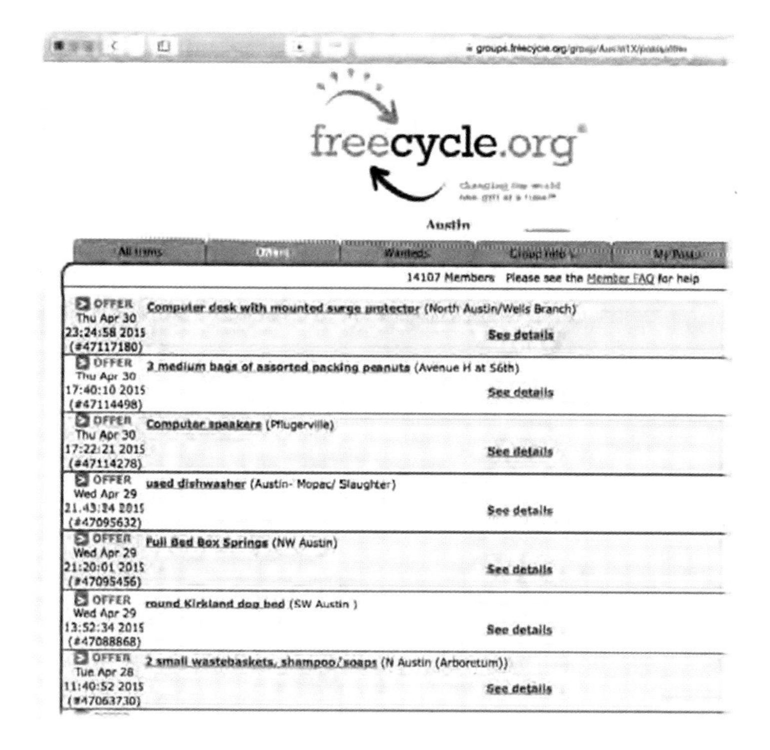

Freecycle 是“人们在自己的镇上免费赠送（和接收）物品的非营利性运动。其宗旨是重复利用，不让好东西葬身垃圾填埋场。”

你可以在这个地方列出你不想要的东西——或者查看其他人不想要的东西。婴儿用品、滑雪用品、家具、图书、文件柜、视频游戏等。

如果你想扔掉的是电子产品——比如手机、平板电脑或者笔记本电脑——你应该联系 Gazelle.com 等网站。这些机构专门收购用旧的设备。即使你的 iPhone 屏幕已经裂开，它也可能值一些钱。

外用酒精可以清除永久性标记

在衣服上、家具上、墙壁上、金属上、塑料上、陶瓷上以及皮肤上，永久性标记的永久性并不是绝对的。外用酒精可以奇迹般地将其清除。

最好的办法是使用 90% 的异丙醇。（大多数酒精的浓度是 70%，蒸发时间较长。）也可以使用乙醇。如果你很着急，你甚至可以使用伏特加。如果你非常着急，你也可以使用普瑞来（酒精洗手液）。

总之，在 Sharpie 笔和普瑞来的对抗中，酒精将取得胜利。

如何清理微波炉

在适用于微波炉的碗里装上半碗水，放在微波炉里；高火运转五分钟；用纸巾擦拭。

这就是你用蒸气喷吹微波炉的墙壁、使意面酱等食物爆炸后的结块松动下来的方法。（一些人建议添加一点醋、柠檬汁或者小苏打——但实际上，水的效果已经足够好了。）

洗窗户的两种正确方法

首先，选择在阴天洗窗户。在晴天，窗户干得很快，会留下条纹。

其次，在外面竖着擦玻璃，在里面横着擦。这样，你就能判断出你所错过的污迹是在哪一边了。

这是你第一次听到这种方法，没错吧?

如何循环利用不可循环利用的物品

地球上的人口不断增长，他们不断地购买物品并将其扔掉。因此，越来越多的城镇正在认真考虑提供回收计划的问题。

玻璃、金属和纸。这是很容易处理的材料。所有大城市和大多数城镇都会对这些物质进行回收。一些地方甚至提供单源回收服务，这意味着你可以将它们（玻璃、金属和纸）全部放进一个垃圾桶里，无须将其分开。

塑料袋。城市回收计划很少接受塑料袋。而且，这些袋子具有很大的危害性——它们需要几百年的时间才能分解；在这段时间里，大量塑料袋会进入大海，使鱼类和鸟类因窒息而死。

这并不意味着你无法对这些物品进行循环利用。当你用完塑料袋时，将它们保存起来。(比如，你可以将它们放在另一个塑料袋里，挂在壁橱门把手上。）当你积累足够多的塑料袋时，将它们拿到回收塑料袋的杂货店或其他商店里。

电子产品。老旧的设备也很讨厌。它们常常含有有毒金属和化学物质，这些物质可以渗透到供水系统中。每年，美国人通常要向垃圾填埋场倾倒1800万吨电子产品。

如果回收这些电子产品，制造商可以重复使用其中昂贵的元件，节省大量能源和原材料。100 万个手机包含 3.5 万磅[①] 的铜、772 磅的银、75 磅的金和 33 磅的钯。

和其他材料一样，你不难为你的废旧设备找到合适的归宿。如果你的垃圾过于陈旧，无法转卖，你可以将其送到百思买、塔吉特或者睿侠那里。这三家连锁店都可以接受和回收废旧电脑、GPS 接收单元、电视机、打印机、显示器、电线、手机、遥控器、耳机等设备。通常，你甚至可以得到购物即时折扣或者礼品卡。这种双赢怎么样?

① 1 磅≈0.45 千克。——译者注

第九章

电子产品

有一本书，里面全都是关于电子产品的基本建议和技巧——共有 200 多条，按照手机、相机、计算机、电子邮件、网络浏览器等类别整齐地组织成了不同的章节。

不过，等等——你不应该在这里插入《那些你以为地球人都知道的事情：科技篇》的广告。

是的，但我完全可以在这里添加一组额外的科技技巧。这些技巧具有一般性和普适性，完全适合这本书的大主题——生活。

按下 #3 重录语音留言

你正在为某人的语音信箱录制信息，但是你出了差错。或者，你说：“伙计——你今天的行为太可怕了！”然后你意识到，你应该使用一种更加柔和的说法。

或者，你改变了想法，不想留言了。

你只需要按下手机上的 # 键。

此时，一个语音会告诉你，你有三个选项：

按 1 重放你所录下的消息。

按 2 继续录音。（换句话说，# 键是一个很好的暂停键，你可以在思考的时候用它来录音。）

按 3 擦除你的语音留言。如果你喜欢，你可以重新开始，但这并不是必须的。

令人感动的是，所有四家美国手机运营商——威瑞森、Sprint、美国电话电报公司、T-Mobile——以完全相同的方式处理 # 键，而且提供了完全相同的选项。

着陆时获取所有短信

下面是一个少有人知的短信故事。

正常情况下，每当有人向你发送消息，你的手机运营商（威瑞森、美国电话电报公司或者其他公司）就会立即将消息传递给你。如果你的手机不可用——关机、损坏、在飞机上——运营商就会在 5 分钟后再次向你发送短信。

不过，如果你的手机仍然无法接通，运营商就会降低这种尝试的频率。它会在十分钟后再次尝试，然后是 30 分钟，然后是一小时。所以，如果你飞到另一个国家，可能会有一批短信无法进入你的手机，而且你在着陆一个小时以后才能收到它们。

除非你有办法告诉运营商："我回到地面上了，我的手机在线了！请立即把我的短信发给我——并且恢复新短信的即时发送！"

这种办法是存在的，只需给你自己发个短信。

这个动作会提醒你的手机联系运营商，你处于在线活跃状态。

你所积攒的信息会蜂拥而至，而且你可以即时收到新的信息。

（这种方法只适用于标准的 SMS 文本消息——不适用于来自互联网的消息，比如 iPhone 的 iMessages 或者黑莓的 BBM。）

在左耳机上打结

在左耳机线上打个小结。

从现在开始，当你戴耳机时，你不需要拿着电子显微镜去寻找耳机上小小的 L 和 R 标记。只要看一眼，甚至摸一下，你就会知道哪个是左耳机。这种技巧方便快捷，而且非常有用。

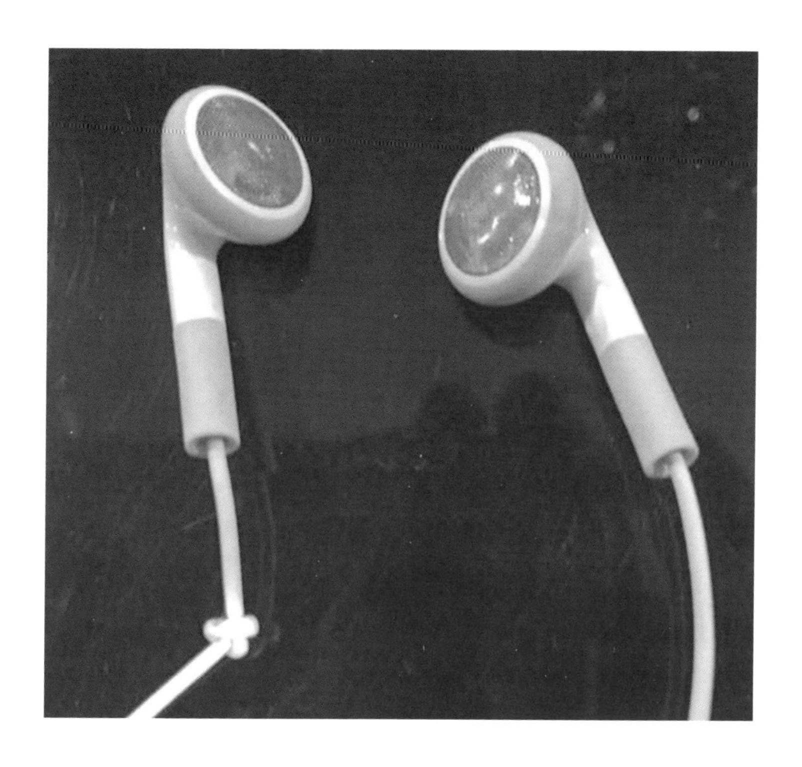

你总是可以拨打 911

你可以在任意手机上拨打 911，包括有密码保护的手机，包括被运营商停机的手机，包括似乎没有信号的手机。这是一个很方便的技巧。

例如，在 iPhone 上，在你输入密码的屏幕上，有一个“紧急呼叫”按钮。所以，即使有人锁定了手机，你仍然可以拨打紧急呼叫。

如果你的某个亲戚患有技术恐惧症，声称他不需要手机，你可以为他提供一个已停机的旧手机，放在汽车的储物箱里。这样一来，他们总是可以在不花一分钱的情况下拨打求助电话。(当然，他们需要为手机充电。)

对了——在欧洲，他们拨打的不是 911，而是 112。

让你的手机注意到 LTE 网络

多年来，手机运营商一直在稳步推进网络升级，以便为你的手机提供更快的网络速度。之前是缓慢而高贵的 1xRTT 和 EDGE 网络——还记得吗？那是一个美好的时代。然后是 3G，然后是 4G。然后是目前手机速度最快的网络，叫做 LTE。如果你在手机顶部看到“LTE”，这会给你带来巨大的快乐。它意味着合适的网速。

不过，你的手机有时会在这里显示“3G”——更糟糕的情况是显示代表老式 1xRTT 网络的“°　”符号。最糟糕的情况是“无服务”。

如果你是蒙大拿州的农民，这没有问题。如果你住在人口密度更大的地区，这些标志的出现通常只是暂时的。只需要驾驶一段距离，或者在火车上走一段距离，“LTE”就会重新出现。

不过，有时它不会重新出现。有时，你的手机卡在了慢速模式里——例如，即使当你确定自己位于LTE区域时，手机上仍然显示着“3G”(并且为你提供3G速度)。或者，手机上显示“无服务”，但你知道你所在的地方是有服务的。

解决方法是“敲打它”——这是一种比喻。你可以关机再开机，更快的方法是开启并关闭飞行模式。当手机恢复正常时，它会显示正确的网络类型，为你提供正常的网速。

儿童的免费电话服务

如今，孩子要求买手机的年龄正在变得越来越小。很快，你就可以买到带有智能手机套的帮宝适了。

购买手机是很昂贵的。这不仅是指手机，也是指服务。为了能给你的小孩打电话或发短信，你每年需要花费数百美元。更糟糕的是，最近出现了一个新的趋势：儿童已经不再打电话了。

他们想做的是发短信、看视频、听音乐、拍照片、浏览网页、运行app，而iPod Touch可以实现所有这些功能。

iPod Touch是没有月费的iPhone。除了无法连接蜂窝网络，它可以做到iPhone能够做到的一切事情。它只在Wi-Fi热点地区才能联网。

另一方面，拥有iPod Touch意味着没有月费，不需要将你的灵魂出卖给威瑞森或美国电话电报公司。iPod Touch拥有现代智能手

机 90% 的功能，而且不需要一分钱的服务费。你的孩子可能非常喜欢这个冒牌手机，至少在九年级之前如此。你每年可以节省大约 900 美元。

为电源线加标签

你知道从你的电视或电脑盘旋到插线板或多插头插座的那一堆乱糟糟的电线吧?

你知道要想找到哪个插头来自哪个设备有多不容易吧？你需要用手指捋过乱糟糟的一团线，从插头一直追踪到电线的源头。

因此，在下一个闲暇的星期六下午，你应该给它们添加标签。可以使用支撑面包包装封口的那种正方形塑料片。也可以使用衣夹，或者反向折叠的胶带。

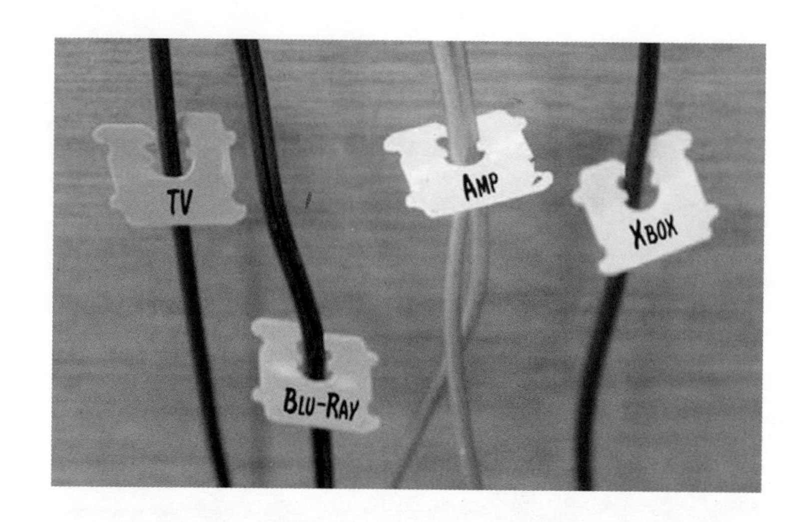

不管是哪种情况，关键是要在这些标签、衣夹或胶带上做标记。从今以后，当你跪在满是灰尘的地板上时，你将会知道你所拔下的是哪个设备的插头。

关闭“肥皂剧效果”

你红光满面地看着你那台崭新的95英寸高清电视机（或者更加现代化的超高清电视机）。你把家人叫过来，按下“打开”按钮，调出一部电影——然后两眼发直，惊慌失措。画面出现了奇怪的问题，看起来像是便携式摄像机录制的视频，或者像是肥皂剧一样。

欢迎加入“肥皂剧效果”俱乐部。几乎所有新买的电视机都存在这种现象。《教父》就像是用《综合医生》的布景拍摄的一样。

电视公司认为他们在帮助你。这种电子处理手段可以让那些在屏幕上迅速移动的物体变得不再模糊。为此，它会在原有电影的视频帧之间自动生成新的视频帧。这就是画面看起来呆滞、古怪、不自然的原因。

如果你研究电视机的菜单，你不会看到关闭“肥皂剧效果”的功能——因为它不叫这个名字。它的名字因制造商而异，但它通常包含“Motion”一词。

在三星电视机上，它叫“Auto Motion Plus”。在LG电视机上，它叫“TruMotion”。在索尼上，它叫“MotionFlow”。

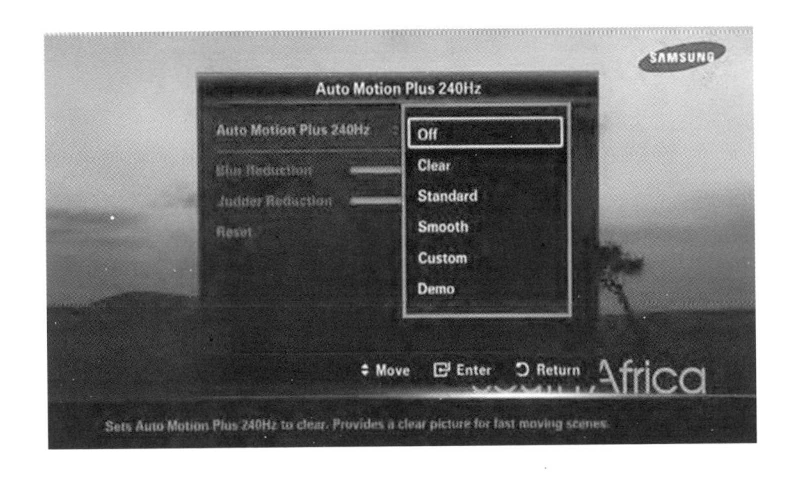

只要关闭这些设置，你就可以重新看到流畅的电影效果。

让打印机墨盒起死回生

你知道，打印机墨水是你能买到的最昂贵的液体之一——每加仑打印机墨水比普通墨水、香槟或者香水要贵得多。所以，当你正在打印某些文件，如果电脑告诉你墨盒空了，你会有一种要发疯的感觉——尤其是当你看到里面仍然有墨时。

通常，你并没有真的将墨用完。之所以出现这种情况，是因为干掉的墨封住了墨盒的喷嘴。应急方法：取下墨盒，用电吹风加热一两分钟。

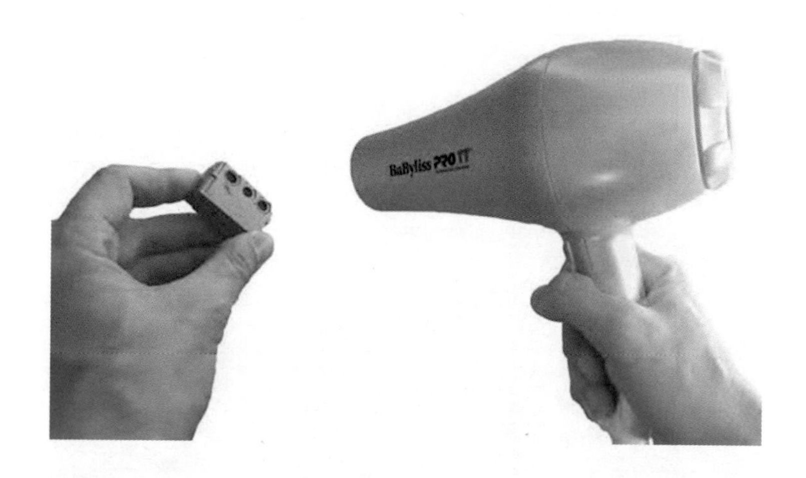

当墨盒升温时，浓稠的墨水可以更好地流过墨盒的小孔。如果重新安上复活的墨盒，你就可以多打印几页纸。也许你可以喝上一瓶香奈尔五号庆祝一下。

如何判断 USB 接头的正反面

USB（通用串行总线）接头已经得到了普及。过去 15 年制造的每台电脑上都有 USB 接口。你可以用这种接口接连打印机、扫描仪、照相机、手机、平板电脑、扬声器等设备。

不过，USB 也有缺点，因为你可能会把它插反，而且没有一个明显而通用的方法判断哪一面是正面。

许多 USB 接口在正面的塑料上印有分叉的 USB 图标。不过，不是所有的接口都有这个设计。

下面是这个问题的终极普适解决方案：USB 金属接头只有一边有一条中心线。这是反面。

每个接头都是如此。

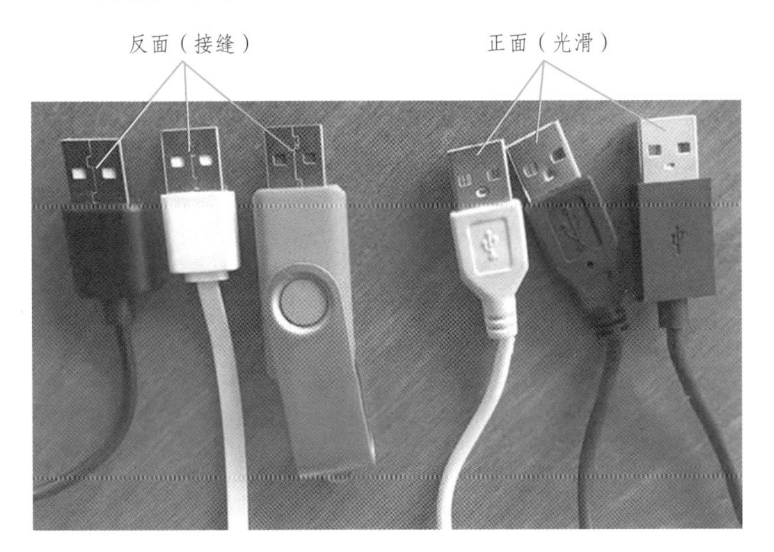

了解 USB-C

在 2015 年年初，世界开始了引入最佳电线设计之一（USB 类型 C）的漫长而缓慢的过程。

这是一种由谷歌、苹果等公司花费多年时间研制而成的全新连接器。

USB-C 有许多足以取代旧有电线设计的优点：

它很小，可以做到手机或平板电脑里面。它和微型 USB 同样大小。

它可以完成一切功能。它是电源线接头，投影仪或二级显示器的视频输入接头，和常规 USB 类似的传统数据传输接头。只要有合适的适配器，它可以同时完成所有这些功能。

两面都是正面。你永远不需要研究从哪个方向插入。

两头是一样的。你甚至不需要研究使用哪一头。

下面是最大的优点——你坐稳了吗？

它们都是通用的。你可以将三星手机充电器用在苹果笔记本电脑上，或者将戴尔笔记本充电器用在谷歌 Chromebook 上。我们已经进入了普适充电器时代，这些充电器可以在连接不同设备时智能地调整电压。

当然，这种接口在一段时期内会带来一定的混乱。现有 USB 设备必须使用适配器才能和 USB-C 接口相连接，USB-C 电线也必须使用适配器才能连接到之前的 USB 接口上。这些适配器并不便宜，至少最初如此。

不过，如果你能将一根普适的电线用在世界上每一台设备上……还有比这更让人舒心的事情吗?

用餐巾做的专业摄影灯箱

温馨的餐馆应该是拍照的好地方。毕竟，你和你的朋友可能在打扮上花费了一番工夫，而且餐厅背景也很好。

不过，餐馆里可能很暗。所以，要想用手机拍照，你有两个选择：(a) 使用手机的闪光灯，将你的拍摄对象漂白（并且晃他一下），将背景变成黑洞，或者 (b) 关掉手机的闪光灯，得到黑暗中一点模模糊糊的形象。

无闪光灯　闪光灯　柔软的餐巾闪光灯

幸运的是，你还有第三个选项：用第二个智能手机作为照明设备。打开手电筒模式，用餐巾（布或折起来的纸）将其盖上。餐巾可以使强烈的光线得到软化和散射。你可能会吃惊地发现，你照出了一张均匀、柔和、讨人喜爱的照片。

这也适用于用手机拍摄视频的情形。

电子邮件地址即时填充

在你的一生中，你需要反复输入某些很难输入的文字段落——比如电子邮件地址。每次填表、每次注册、每次登录——你都需要费力地寻找 @ 等符号，一遍又一遍地输入那段可恶的文字。

在手机上输入电子邮件地址和手机号码尤其令人沮丧，因为你需要在玻璃屏上触摸和碳原子一样大小的按键。

下面是更好的办法：让手机替你输入这些文字。

使用手机的自动快捷输入功能，用触发短语（比如“tyvm”）输入更长的文字（比如“非常感谢”）。

为下列内容设置快捷方式：

你的个人邮箱地址。使用 @@ 符号或者地址的前三个字母作为触发短语。

你的工作邮箱。使用 @@@ 或前三个字母作为触发短语。

你的手机号码。使用两个冒号作为触发短语（：：）。

你的工作号码。三个冒号（：：：）。

在 iPhone 或 iPad 上，你应该这样设置。打开“设置”。点击“常规”，然后是“键盘”，然后是“快捷方式”。点击“+”按钮。在下一个画面中，在“短语”框中输入扩展文本。在“快捷方式”框中输入你想触发该短语的缩写。

在安卓手机上，打开“设置”。点击“语言和输入”。点击“谷歌键盘”，然后是“文本更正”，然后是“个人词典”，然后是“英语”。最后，点击右上方的“+”按钮。输入你的扩展短语（“输入一段文本”）和缩写（“可选快捷方式”）。

（安卓具有不同的手机和版本。在一些安卓版本上，你需要打开“设置”，然后是“语言和输入”，然后是“个人词典”，然后打开“+”按钮。）

从现在开始，每当你输入缩写时，手机都会建议你更换成替代文本——比如你的电子邮箱地址或手机号码。

你现在可以让手机帮你干活了。

如何在打印上节省大量资金

大多数在家里打印文件的人都有喷墨式打印机。它可以迅速方便地打印文本、图像和照片。

不过，这并不便宜。

你知道那句古老的谚语吗？“赠送剃须刀，销售刀片。”没有人比喷墨打印机行业更加重视这种说法。你可以用 30 美元购买一台新的喷墨打印机——但是，墨呢？你认为 4 美元一加仑的汽油很贵吗？在网上，16 毫升的黑色喷墨盒标价 18 美元——相当于一加仑 4300 美元！墨盒每年需要花费数百美元。

解决方法只有两个字：激光打印机。

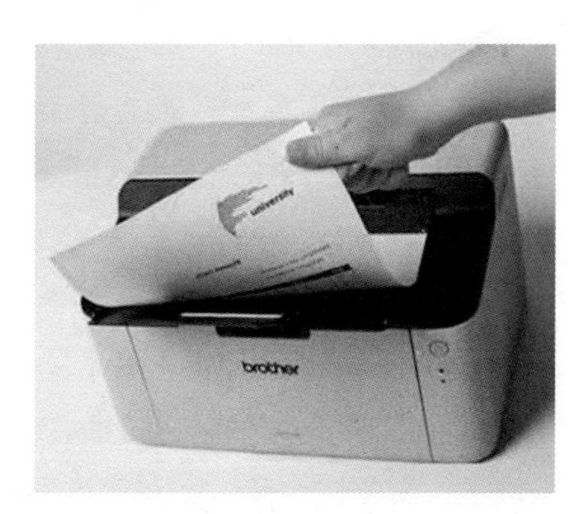

黑白激光打印机便宜而轻便，只有 80 美元。它的打印速度很快，字迹非常清晰，而且打印机可以使用很多年。最重要的是，其黑色墨粉很便宜，而且可以使用很长时间。它不会像喷墨盒那样变干。

当然，廉价的激光打印机不适合打印照片。不过，对于任何可以用黑色和不同灰色表示的事物来说，激光打印机是你的最佳选择。

YouTube 的通用暂停键

你也许知道，你可以按下空格键，让正在播放的 YouTube 视频停下来。(对吧？)

不过，空格键有时会让 YouTube 页面向下滚动！

这取决于 YouTube 目前被选中的是视频还是页面。而且，你无法立即判断出被选中的是哪一个。

幸运的是，你可以忽略所有这些麻烦。只需按下键盘上的 k

键，你就可以暂停视频。这种方法总是有效的，不管视频是否被选中，不管空格键是否有效。

互联网上最适合笔记本电脑使用者的建议

当你拿着笔记本电脑回到家里时，你可能喜欢给它连上鼠标、键盘、外部显示器、网线、优质扬声器等设备，将其转变成更加完善的桌面工作站。

不过，当你出门时，这些电线处于什么状态呢？一团乱麻。

下面是更好的办法：将每根线穿进长尾夹的环里，像这样：

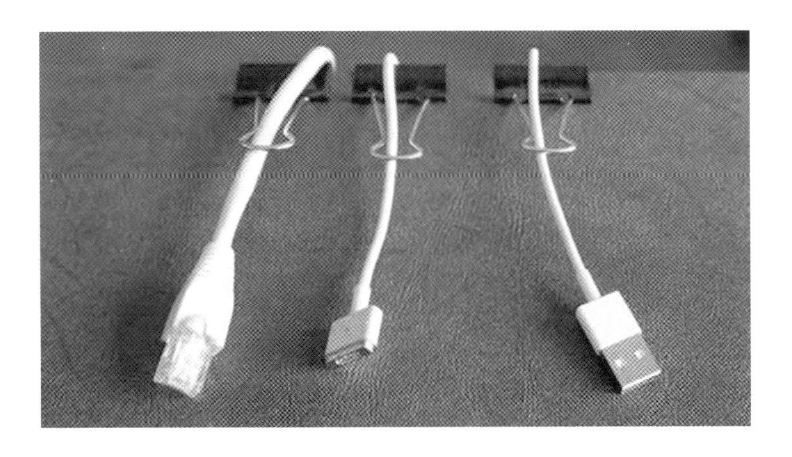

将这些长尾夹夹在桌面边缘，用它们套住电线，使其很容易被你拿到。

奇妙的变换字体校对法

任何写过文字或出版过书籍的人都会告诉你，你很难实现完美的校对，挑出每个错字、漏字等问题。你可能阅读了六遍文字，相信它达到了完美状态——但是当你拿给其他人看时，他们会立即挑出一个错误。不知为什么，你的大脑会失去对文字的灵敏度。

如果你找不到四个校对阅读者——或者你可以找到——你可以用下面这种神奇的方法使“盲点”中的错误浮出水面：改变字体。

没错。改变文字处理器中的字体可以为文本带来不同的布局和不同的换行位置，使文本看上去像新的一样。你感觉像是在阅读别人写的文字，因此更容易发现错误。

同样的道理，当你想要编辑或缩写文章时，你可以选择一种不熟悉的字体。这样，你就会对自己的文字产生陌生感，超越原有的思路，更容易在阅读时发现新的东西。

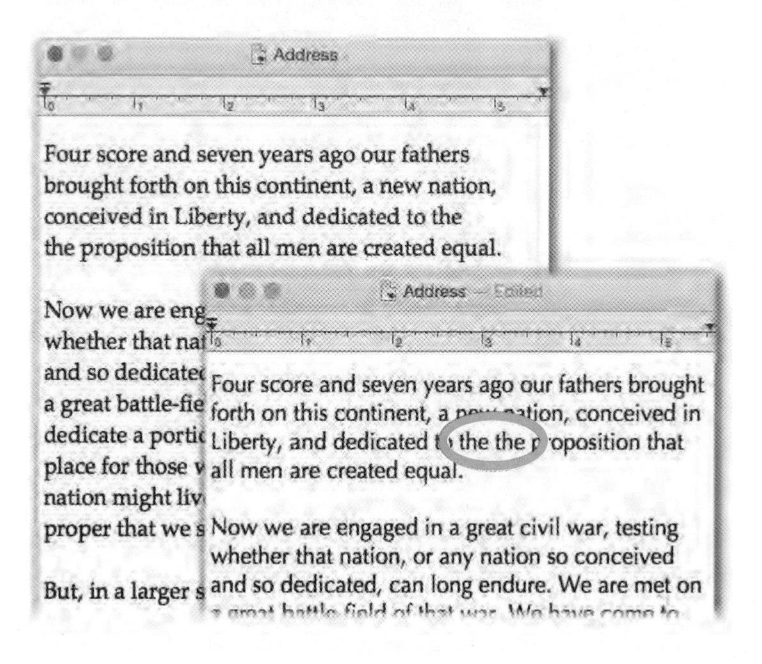

枕上音乐

如果你最近买了 iPhone，它会带有苹果最新的耳机，叫做 EarPods。它装在一个小塑料盒里。

不要扔掉这个盒子——你可以用它制作一个完美的音乐枕！

当你将 Earpods 放在盒子里时，耳机的音孔会指向上方，耳机线也会摆直，不会缠绕在一起。你可以将装有耳机的盒子放在枕头下面，并将其连接到床边桌子上的手机上，然后听着音乐入睡，同时又不会影响到在你旁边睡觉的人。另一个令人开心的事情是：你不会被耳机线勒到。

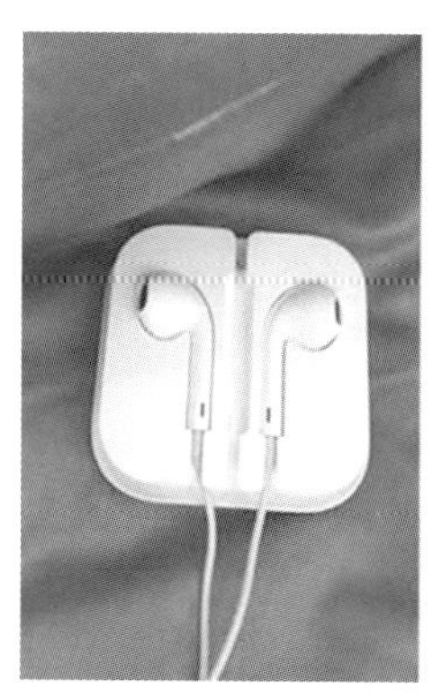

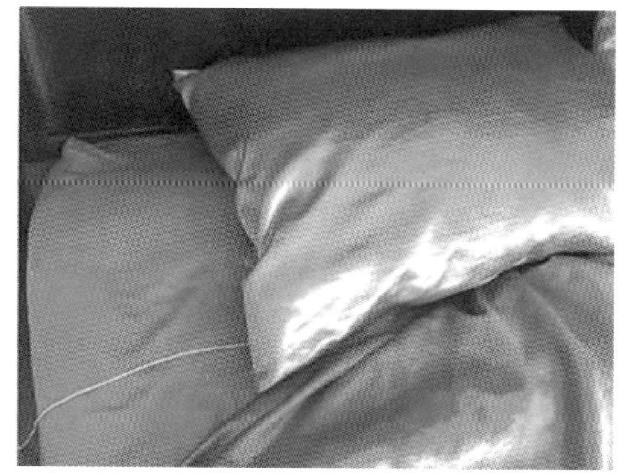

睡觉之前怎样设计 iPhone 的音乐播放功能呢？打开时钟 app。点击“计时器”。设置你所希望的睡前音乐的播放时间。点击“计时器何时终止”，一直滚动到底部，点击“停止播放”。现在开启音乐，关闭屏幕，将手机放在床边桌子上。这样就可以了。在指定时间过后，iPhone 会停止播放音乐——你可以平静地进入梦乡。

获取月度新闻

你是否曾在几个星期的时间里出国旅行、身体不佳或者神志不清？需要迅速浏览你所错过的所有重要的世界新闻吗？

你可能不知道下面这个令人吃惊的新闻总结服务：wikipedia.org，互联网上的百科全书。

搜索“2016年1月”（January 2016，或者其他任何月份和年份）。你会立即看到你所错过的所有重要新闻的客观而中立的维基式总结。

这个技巧不仅仅适用于时事。你也可以输入过去的年份和月份组合，以了解过去发生过的事情，比如1973年6月的新闻。

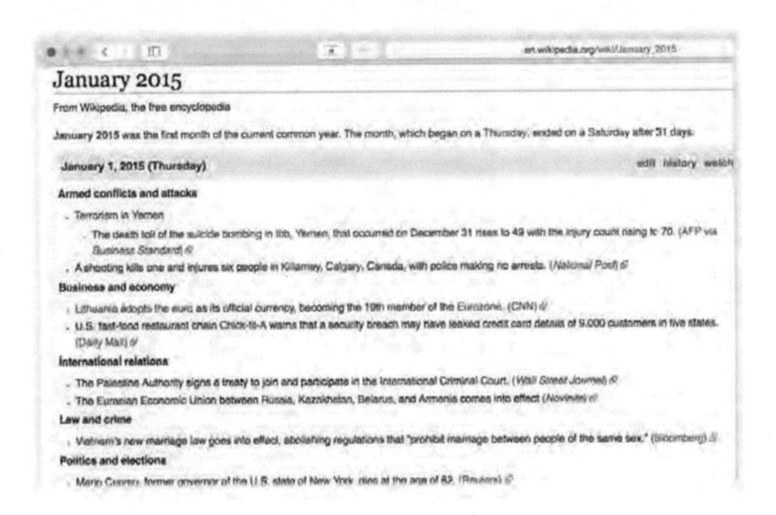

无关紧要的技术规格

电子公司喜欢对你进行数字轰炸。兆像素，吉赫兹，太字节——越多越好，不是吗？

有一件事情是肯定的：数字越大，价格就越高。许多规格完全是无关紧要的。当你购买这些设备时，你有太多需要考虑的因素——价格、大小、颜色、在线评论——你不需要让那些不会对你产生影响的测量数据把问题变得更加复杂。例如：

兆像素。当你购买相机时，店员会告诉你，你应该考虑一台相机有多少兆像素。这是骗人的——不要考虑它。

这个数据表示组成每张照片的像素（彩点）数量，它并不表示照片质量有多好；如果你想衡量这个因素，你应该比较相机的传感器大小或镜头质量。

在 1997 年时，能照出 2M 像素照片的相机还算比较少见，那时你可能需要担心相机像素太少，打印不了太大的照片。不过今天，即使是手机也可以拍出 5M 像素或者更大的照片。你再也不需要为分辨率而担心了。

手机屏幕分辨率。苹果、三星和其他手机制造商一直在为手机屏幕每英寸的像素数量而斗争。事实上，在这个世界上，iPhone 和三星盖世手机的屏幕早已超越了人眼对每个像素的分辨能力。你会发现，你无法分辨出不同像素之间的区别。

处理器速度。当你购买笔记本电脑时，如果 1.7 吉赫的英特尔 i5 芯片（举个例子）比 1.5 吉赫的同款芯片贵出几百美元，那么你不需要购买 1.7 吉赫的芯片。你不会看到或者感觉到二者之间的任何区别。

电线镀层。很少有哪个骗局像昂贵的电线计划这样普及而常见。这个行业希望你相信，你可以用镀金音频电线获得更好的音质，或者用50美元的HDMI电视线获得更好的画面。音频电线的镀层不会对声音产生任何影响。（这是当然的，因为镀层里面仍然是铜。）HDMI等电线和音频光纤以数字信息流的形式传递信号。换句话说，这些电线要么100%有效，要么100%无效。电视机商店里50美元的HDMI线和亚马逊上8美元的HDMI线传输的画面是一样的。

橱柜里即时而免费的音乐“扬声器”

你的手机可能正在放音乐，但是声音并不响亮。即使是雷鸣般的低音，也无法将你从椅子上震下去。

因此，人们大量购买可充电的蓝牙扬声器——使手机播放的声音能够传播到臂距以外的地方。

不过，在紧要关头，你也可以使用具有近似效果的紧急扬声器：茶杯或者马克杯。

将手机放进去，扬声器朝里，你会吃惊地发现，这个新的小小回音室可以让手机音乐的音量、低音和饱满度获得突然的提升。

如何找到丢失手机的人

某个可怜的人忘记拿 iPhone 了。某人将三星盖世手机放在某处，然后忘记拿走了。

然后你以救世主的姿态出现了。手机上有密码保护。你怎样知道这是谁的手机呢?

如果是 iPhone，你可以使用声控助手 Siri。按住 Home 按钮，然后说“这是谁的手机”(Whose phone is this) 或者“这个手机的主人是谁”(Who owns this phone)。你会立即看到主人的名字、地址和手机号。(通常如此，但这个人也可能从未输入自己的信息。)

这也适用于 iPad。

你也可以说“给我发电子邮件”(Email me)，然后说出一条信息，手机的主人可以在计算机上收到这个邮件。你还可以说“给妈妈打电话”(Call Mom) 或者“给妈妈发信息”(Text Mom)。如果 iPhone 知道主人的妈妈是谁，你就可以物归原主了。

如果你所发现的手机不是 iPhone，看看屏幕顶端，或者手机上的徽标，以确定它的运营商（威瑞森、美国电话电报公司、T-Mobile、Sprint，或者其他运营商）。如果你把手机交给该运营商的手机店，他们会将手机交还给主人。

太麻烦了吗？如果你能用手机打电话，按下“通话”按钮，重新拨打上一个通话的号码。你会找到认识手机主人的人和解决问题的线索。

Netflix 的秘密快捷键

许多人在 Netflix 上观看电视剧。许多人将 Netflix 当成了电视——它负责播放，你负责看。

不过，Netflix 是一个网站，不是电视台。它是可以交互的。通过输入计算机键盘上的专用按键，你可以用多种方式控制播放，这些功能是很有用的。例如：

- 按空格键，可以播放或暂停。你可能已经知道这一条了。
- 按 F 键，可以让视频填充整个屏幕。（按 Esc 键可以将屏幕还原，以查看菜单。）
- 按上下箭头键，可以让声音变大或变小。
- 按左右箭头键，可以后退或前进 10 秒。

要是电视也能这样就好了……

每天了解10次新鲜事物

当你打开网络浏览器时，你能看到什么？

是计算机制造商所选择的主页，比如Apple.com或Yahoo.com吗？是谷歌搜索页面吗？是空白页面吗？

当然，你第一次打开浏览器时看到的页面完全是由你决定的；你可以在浏览器的设置中设置这个页面（见下面）。不过，这不是重点。

重点是，您可以在每次打开浏览器时学点新东西，而不是每次打开相同的页面。你可以让主页随机显示维基或者在线百科全书上的一篇文章，或者一条名言。为什么不在每次开始网上冲浪时给大脑来点新鲜的刺激呢？

首先，下面是改变启动页面的方法：

Safari。在“Safari”菜单中，选择“首选项”。点击“常规”。将网页地址粘贴到“主页”框中。关闭“首选项”窗口。

Chrome。打开“首选项”。在写有“关于启动”的地方选择“打开特定页面或页面组”，然后点击“设置页面”。粘贴页面地址，然后点击“确定”。

火狐。点击右上角的 ☰ 图标；点击“选项”，然后点击“常规”。将网页地址粘贴到“主页”框中。（确保上方的弹出菜单中出现“显示我的主页”字样。）关闭“选项”窗口。

Internet Explorer（在Windows 8中）。将鼠标指向屏幕右下角，将光标向上移动，点击“设置”。点击“选项”，然后点击“自定义”，然后粘贴你想使用的页面地址；点击“添加”。

微软 Edge（Windows 10）。点击右上方的“…”符号；选择“设置”。在写有“开始于”的地方，选择“一个或多个指定页面”。选择“自定义”；将网页地址粘贴到“输入一个网页地址”框中。

那么，选择什么样的启动页面比较好呢？下面是一些建议：

每天一词。例如，http://dictionary.reference.com/wordof theday/

每天一句引文。例如：www.quotationspage.com/mqotd.html

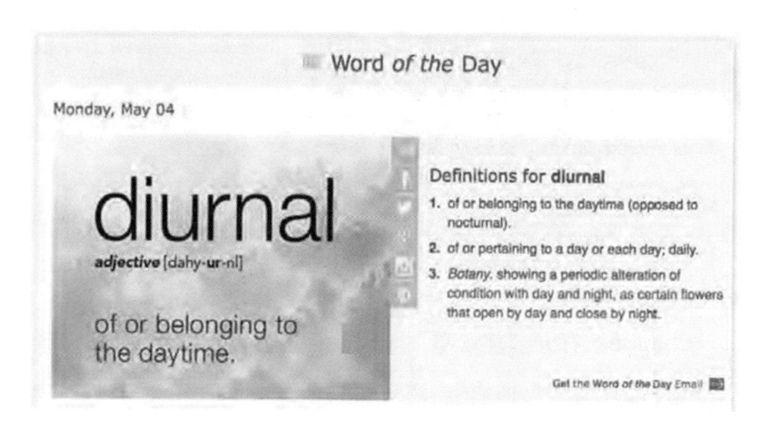

具有随机主题的维基页面。下面是链接：

http://tools.wikimedia.de/~dapete/random/enwiki-featured.php

字体的基本知识

当第一台麦金托什计算机 1984 年第一次为大众提供字体选择时，人们都在疯狂地使用各种字体。每一份文件和传单看起来都像是勒索信。

你不能怪罪他们，真的。图形设计并不是学校里的标准课程。因此，许多人并不了解字体的使用规则，无法编排出好看的字体——这也影响到了他们的个人形象。

下面是字体的使用技巧：

了解两种字体类型。有两种字体：字母上有“小脚”的衬线字体和没有“小脚”的无衬线字体。见下图：

Serif font

Sans serif

通常的观点是，对于大段文字来说，衬线字体更适合阅读，这也是大多数书籍和报纸使用这种字体类型的原因。无衬线字体适合依附性的小段文字，比如标题和字幕。

限制自己。将每篇文档中的字体类型限制在两种以内——比如正文使用衬线体，标题使用非衬线体。在每种字体类型中，你可以使用所有的变化（粗体、斜体、常规等）。不过，如果你将两种以上的字体混合在一起，你的传单或广告就会给人以勒索信的感觉。

注意 Comic Sans。 Comic Sans 是一种有点类似于手写体的可爱字体。它的确很可爱。

Comic Sans:
You, too, can look like
you're in first grade!

这种字体得到了疯狂的过度使用，已经到了烂大街的可笑地步。请考虑使用另一种字体，尤其是当你的文件需要以某种方式严肃对待时。

句号后面一个空格。是的，是的，我们知道——当你学习打字时，他们让你使用两个空格。那是因为你（或者你的老师）是在打字机上学习打字的，你们按一下空格键无法留出足够宽的距离。这个问题现在已经得到了解决；在如今的任何一种现代计算机字体中，当你按下空格键时，系统会自动留出多余的空格。所以，请使用一个空格。

One space. It's plenty.

如何用词语预测功能节省时间和精力

在安卓手机和 iPhone（iOS 8 及更高版本）上，键盘上方有一个小条。当你输入一句话时，手机会对你接下来输入的词语进行预测。实际上，它会预测你接下来最有可能输入的三个词语，并在键盘上方的按钮上显示出来。

所以，假设你在一句话的一开始输入“I really”。此时，三个建议按钮上可能会显示 want、don't 和 like。你可以点击一个按钮，插入这个单词——省去五次按键的麻烦。

不过，如果这些猜测是错误的呢？如果你实际上想输入“I really have no idea...”呢？

那就直接输入“have”。当你输入 h 时，三个建议可能会改成 h、have 和 hope。（三个按钮中的一个总是显示你目前所输入的不成词语的内容，因为你真正想输入的可能就是这个内容。要想将其插入到文本中，你可以点击这个按钮、空格键或者某个标点符号键。）

换句话说，在你的输入过程中，这些建议一直在变化，一直在预测，一直在用你目前输入的内容想象你接下来可能输入的内容。有时，它可以连续猜对四五个词语，这将为你带来胜利的笑容。

有时，iPhone 甚至可以在一个按钮上提供多个词语，比如 up to 或 in the。而且，如果有人向你发送以选项结尾的问题（“你想要通道、窗户还是中间？”），提示按钮就会提供这些选项。在你还没有输入一个字母时，你就可以选择“通道”“窗户”或者“中间”了。

如果这项功能让你心烦，你也可以将其隐藏或关闭。

iPhone：将按钮栏滑到下面，使其隐藏；你会看到它缩小成一条白色横线。将白线滑上去，可以将其恢复。要想将其完全关闭，打开“设置”。点击“常规”，然后点击“键盘”；关闭“预测”。

安卓：打开“设置”，然后点击“语言与输入”。在这里，点击你所使用的屏幕键盘的名称——比如谷歌键盘或者三星键盘。

如果是谷歌键盘，点击“文本更正”，然后关闭“显示更正建议”。如果是三星键盘，关闭“预测文本”。

没有人能猜到的单字符手机密码

是的，你的智能手机应该设置密码。你永远不知道你会在某一天把它忘在哪里；如果没有密码，某个不负责任的人可能会拿起手机，入侵你的生活。

不过，你每天可能需要75次打开手机。所以，如果每次按照传统方法输入很难猜测的密码，你会浪费大量的时间，而且会非常气恼。

因此，一些手机带有指纹阅读器，使你可以用指纹解锁手机。

不过，如果你的手机没有指纹阅读器，或者它无法正常工作，你可以考虑下面这个不起眼的建议：使用单字符密码——具体地说，使用重音字符或者奇特的符号，比如“;”“%”或者“§”。

你只需要按两下，就可以输入这个字符（按一下打开符号键盘布局，再按一下选择你想要的符号），而且没有人会猜到这个密码。（别忘了，面对密码框，犯罪分子并不知道你的密码有多长。）

何时关闭 WiFi

智能手机可以通过两种方式接入互联网：蜂窝网络和 Wi-Fi 热点。

通常，你应该选择 Wi-Fi。使用 Wi-Fi 连接互联网不会浪费你那宝贵的每月数据配额（比如 2G 字节或者其他任何配额），这些配额可是你花了一笔不小的数目在手机运营商那里买的。即使你很幸运，开通了无限数据方案，Wi-Fi 连接通常也比蜂窝网络速度快。而且，如果你使用的是威瑞森或 Sprint，你可以一边打电话，一边用 Wi-Fi 连接上网或者使用 app。

不过，你有时会发现，虽然 Wi-Fi 信号很好，但你的手机上网很困难。也许你需要花费 90 秒的时间才能打开网页或者发送电子邮件和消息。不管是哪种情况，你都会感到非常沮丧。

在这种情况下，你的手机可能在 Wi-Fi 网络的连接上遇到了困难。是的，它可能显示了很强的信号，但是这个 Wi-Fi 热点可能负载过多，受到了冻结或保护，或者出了其他问题。

如果你认识到这些情况，你就不会浪费大量时间充满疑惑地坐在那里。在这种情况下，应该关掉 Wi-Fi。你的手机将立即被迫使用蜂窝连接，你会发现，你突然可以像以前那样上网了。

网站后缀是什么意思

你可能会注意到，大多数网站地址都是以 .com 结尾的。比如 Google.com，Amazon.com，Apple.com，Microlsoft.com，等等。

但这并不是绝对的。你可能也会遇到 .gov、.org.、edu 等后缀。了解它们的含义是非常有用的，因为你可以知道某个地址的归属，也可以在查找之前猜出某个组织的地址。

下面是后缀总结：

后缀	含义	例子
.gov	政府机构	whitehouse.gov
.org	非营利组织	pbs.org
.edu	学校（通常是大学）	yale.edu
.mil	美国军队	army.mil

你可能也会看到许多 .net、.biz 和 .info；这些后缀可以属于任何机构。一些公司想使用 .com 后缀，但是这个后缀已经被人使用了，所以他们常常会使用其他后缀。例如，如果你在爱荷华州设置了一个柠檬水摊位，但是 IowaLemonadeStand.com 已经被人使用，你可以将 IowaLemonadeStand.net 作为网站地址。

另外，还有几百个国家代码后缀，比如：

后缀	含义	例子
.ca	加拿大	Amazon.ca
.jp	日本	Google.jp
.de	德国	Apple.de
.eu	欧盟	Microsoft.eu

实际上，几乎每个人现在都可以使用任何一种后缀。你可能会遇到 .tv、.city、.eat、.global 等后缀。由于这种可能性的增加，你有时很难猜出某个组织的地址——但你总是可以有把握地猜出另外一些组织的地址，比如美国国家航空航天局的网站是 nasa.gov，哈佛是 harvard.edu。

网络诈骗的基本知识

互联网是一个神奇的发明。它将人们联系到一起，为我们节省时间和金钱，让那些受压迫的人民获得了发言的机会。

但它也是仇恨者、骗子和恶棍的聚集地。

你早晚会通过电子邮件收到下面的某个消息。它们非常普遍——因为一些不幸的人每次都会上当，尽管这令人难以置信。不要成为这样的人。

网络钓鱼骗局。你的银行（或者亚马逊、eBay、PayPal、雅虎、苹果）给你发了一封电子邮件，说你的账户出了问题，并且让你点击链接以修复问题——“否则你的账户就会被冻结！”

如果你点击链接，你就会进入一个虚假的银行网站。如果你“登录”，你就会无意中将你的用户名和密码提供给那些钓取登录信息的骗子，他们就会盗取你的身份，使你陷入悲惨的境地。

如果你对消息的真实性产生任何怀疑，不要点击邮件中的链接。相反，打开网络浏览器，亲自输入公司地址（www.citibank.com 或者其他地址）。当然，你会发现，你的账户没有任何问题。

“邻居被抢”骗局。你的一个朋友给你发来了邮件：“我在伦敦旅行时遇到麻烦了。我遭到了抢劫，犯人用枪指着我，抢走了我的所有随身物品，包括手机和信用卡。我现在无法飞回国内，无法支付住宿费。请帮助我！”

这条消息是你所认识的人发来的，因此这个骗局具有很大的迷惑性。

你的朋友当然不在伦敦，而且没有遭到抢劫。坏人在他的电脑上安装了软件，将同样的求助邮件发给了通讯录中的每个人。

尼日利亚王子骗局。这种邮件是这样说的：“我是保罗·阿加比（Paul Agabi）。我是贵国公民查尔斯·威尔逊（Charles Wilson）的私人律师。威尔逊曾在尼日利亚雪佛龙石油公司工作，下面我将用‘我的客户’来称呼他。4月21日，我的客户同他的妻子和唯一的孩子遇到了一场汽车事故。遗憾的是，车上的人全部遇难。”

你发现，这位富裕的死者留下了数百万美元的遗产——而且向你写信的人准备将这笔遗产交给你！

如果你上了钩，和这个人通信，事情刚开始会进展得很顺利，你也会非常激动。不过，你很快就会遇到问题：在你获得尼日利亚的几百万美元之前，你需要寄出去一些钱，以支付法律费用、贿赂官员的费用、税金以及其他费用。你永远不会拿到钱。对方只会让你寄出越来越多的费用，直到你回过神来，意识到你被骗了。

根据联邦调查局的数据。这种产生于几十年前的骗局每年都会让单纯的美国人损失几百万美元。

预批准的信用卡或贷款。真是令人难以置信！有人为你提供了预批准的Visa卡或者贷款，信用额度非常高。如果你目前的财务状况不是很好，这种条件可能让你无法相信自己的眼睛。

你的确不应该相信自己的眼睛。他们会让你寄出预付“年费”——然后你就再也听不到他们的消息了。你不会获得任何信用卡或者贷款。

（类似的骗局：“你中了彩票！”“你得到了不错的工作！”“你获得了不错的投资机会！”）

Craigslist 骗局。你想在免费分类广告网站 Craigslist 上卖东西——比如 300 美元的自行车。你立即收到了这样的消息：“把你的地址发给我，我会立即给你邮寄一张 1500 美元的支票，以支付自行车和运输费用，因为你需要把自行车寄到德国。请将支票存起来，并通过西部联合电报公司向我的运输公司寄出 450 美元。”

太好了！当然，你会收到一封带有汇款单或者保付支票的邮件。太美妙了！

唯一的问题是，这份票据是伪造的。你把它存起来，给这个人寄出 450 美元的真金白银——几天后，你的银行会告诉你，汇款单是假的。你失去了自行车和 450 美元。

能够提示你正在被骗的线索有：(a) 对方的出价比你的要价高；(b) 你需要把你的东西寄到另一个国家；(c) 你需要使用对方的运输公司。

第十章

你的身体

你认为如今的科技很复杂吗？当你开始研究自己身体那基于液体的扑朔迷离、微妙神奇的运作方式时，你就不会这样认为了。

每天都会有一群新的科学家发布关于健康或医药的一批新的研究结果，但我们仍然有很多不知道的事情。在大多数时间里，我们的专家只是在黑暗中摸索。不过，人们偶尔也会发现更加有用的人体奇怪现象——比如下面这些。

怎样做到起床时不迷糊

根据现代睡眠科学，迷糊并不仅仅是睡眠不足造成的。如果你在自然睡眠循环中的错误位置被叫醒，你也可能感到迷糊。

如果你的闹钟在你处于深度睡眠——REM（快速眼动）睡眠——时响起，你会感觉自己不在状态。你遇到了所谓的“睡眠惯性”。你可能需要过一个小时（或者喝一杯咖啡）才能恢复过来。

如果你在自然睡眠循环中的最浅点醒来，你会感到精力充沛——即使你并没有增加睡眠时间。

这可能很难让人相信——7 个小时的睡眠当然总是比 6.5 个小时的睡眠要好！不过，睡眠惯性及其成因的确是真实的。

问题是，如何避免睡眠惯性呢？

简单的方法是不设置闹钟，自然醒来。你的身体会自己照顾自己的节律。

如果你必须在某个时间起床（比如为了工作），你可以选择一些专门用于在最浅睡眠循环点上叫醒你的产品。下面是一些例子：

健身手环。卓棒和索尼等品牌生产的用于记录身体活动的腕带可以在指定时间或者最早 30 分钟之前选择睡眠循环的最浅时间点在你的手腕上振动，从而叫醒你。

智能手机 app。你将你的 iPhone 或安卓手机放在枕边。这款 app（用于 iPhone 的 Sleep Cycle，用于 iPhone 或安卓的 SleepBot）通过手机的运动传感器确定你的睡眠时间和睡眠深度——并且努力在理想起床时间之前的一段时间（比如 30 分钟）之内选择最佳时刻用闹钟将你叫醒。

Sleepti.me。这个网站可以预测你的浅睡眠时间——你可以根据这个时间设置闹钟。这个网站依据的是 14 分钟的入睡时间和 90 分钟的睡眠循环持续时间，但这两个假设并不可靠，很容易发生变化。

大多数试过手环或手机 app 的人发现，这种理论有效的次数比无效的次数要多。当闹钟响起时，即使他们的实际睡眠时间比平时短，他们也不会感到特别头晕。

洗手的基本知识

洗手这一简单的动作竟然能发展出这么多学问和传说，真是令人吃惊。你应该使用热水。你的洗手时间应该足够唱两遍《祝你生日快乐》。那么普瑞来呢？它难道不会像抗生素那样杀灭细菌，从而导致滋生超级病菌的风险吗？

下面是事实真相：

《祝你生日快乐》。显然，这首歌之所以要唱两次，是为了让你用更多的时间洗手。不过，这并不意味着皮肤某个部位清洗时间的延长会使它变得更干净；这是不可能的。

实际上，如果你决定花20秒钟的时间洗手，你可能会洗到人们常常忽略的位置：大拇指、指甲和手背。重要的不是洗多长时间，而是洗多少位置。

热水。水的温度没有任何影响。科学家之所以这么说，是为了让你感到舒适，从而花费更长的时间去洗手（见上面）。

普瑞来。就连制作普瑞来的人也承认，肥皂和水是手部清洁和消毒的最佳材料。你可以将细菌洗下去，而不是将其杀死。

不过，如果你无法找到肥皂和水，普瑞来应该成为你的第二选择。它基本由酒精构成，可以很好地为皮肤消毒。

而且，普瑞来比抗菌肥皂好得多（请继续阅读）。

抗菌肥皂为什么不好

不要购买或使用标有“抗菌”的肥皂、牙膏、嗽口水或其他洗浴产品。原因如下。

它无法阻止你生病。感冒和流感是由病毒引起的，不是由细菌引起的。抗菌肥皂无法杀死病毒。

它可能滋生超级病菌。你可能听说过这件事：多年来，由于过量使用抗生素，出现了耐药性很强的新型细菌，没有任何物质能够杀灭这种细菌。这些病菌导致的MRSA葡萄球菌感染已经成了医院和养老院的一大杀手，每年可以夺走大约一万美国人的生命。很可怕，不是吗？

抗菌肥皂具有同样的问题。它包含一种叫做三氯生的化学物质，它就像抗生素一样，可以杀死大多数细菌，留下最强大的细菌，使其得以繁殖，变得更强。

肥皂和水具有几乎一样好的效果（而且费用更低）。是的，他们研究过这个问题。肥皂和水可以将细菌从你的皮肤上洗下去，而不是将其杀死。

顺便说一句，你也可以使用与普瑞来类似的基于酒精的洗手液。

巧取隐形眼镜

不管你信不信，一些验光师和网站仍然建议你在取下隐形眼镜时拉动上眼皮，如图所示。他们让你将一条胳膊从头上垂下来，拉动眼皮。

实际上，拉动下眼皮更加合理，而且不需要那么多特技。毕竟，你需要碰到隐形眼镜的底部，然后将其取出来。因此，在眼睛底部附近制造空间不是更加符合逻辑吗？

错误

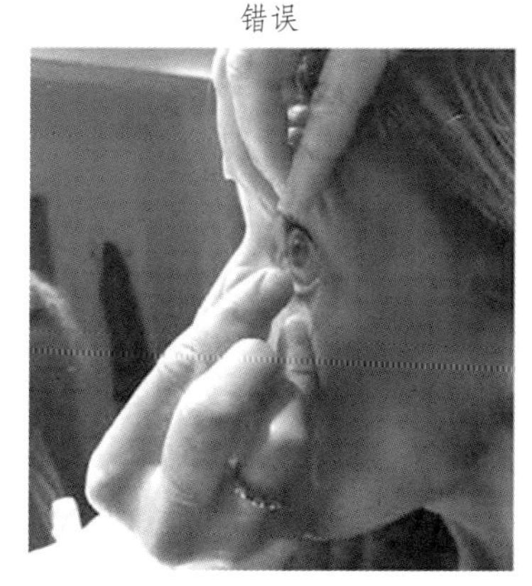

正确

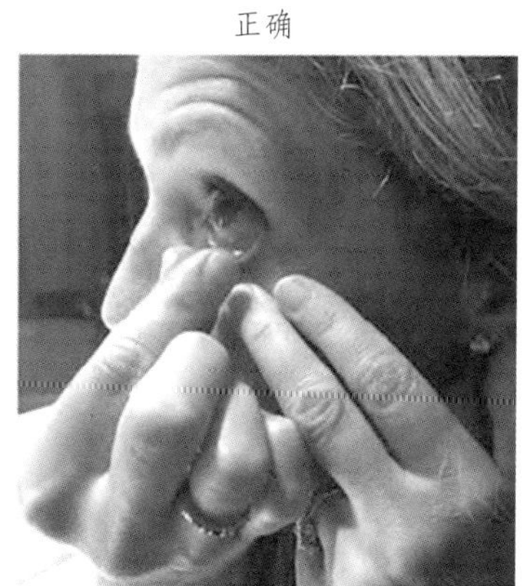

如何用手指制造临时老花镜

如果你需要老花镜——如果你过了40岁左右，你很可能需要老花镜——那么下面几段文字将改变你的生活。你将了解在紧要关头没有老花镜的情况下如何阅读小字。

也许你的老花镜弄丢了或者弄坏了。也许你不想上楼去取。也许你正在光着身子洗澡，急于看清瓶子上的字，以便找到洗发水。

你可以使用这种技巧：卷起食指，围成一个小孔。将它放到主视眼前面，透过小孔窥视。

你会吃惊地发现，刚刚还看不到的小字现在突然变得极为清晰！你可以看到硬币的日期，或者某个产品的序列号，或者药瓶上的说明。不管是你近视眼还是远视眼，这种方法都是有效的。

那么，这种方法的工作原理是什么呢？

在这种方法中，你只放进来非常狭窄的一束光线，挡住了大部分锥形光线。对于无法完美聚焦的老年人的眼睛来说，锥形光线会在视网膜上形成一个模糊的点。如果你对摄影有所了解，你可以这样考虑：你的手指形成了一个非常小的孔径，就像针孔照相机上的孔径一样。当孔径很小时，一切远近事物都会被聚焦。

所以，你将你的眼睛变成了一个针孔照相机，一切都会被聚焦！

如何取出小刺

要想将小刺从手指里取出来，一种方法是用镊子尖或针将其将其挖出来。不过，这种方法令人痛苦而不安，而且并不精确，尤其是当你不到 10 岁时。

下面是更好的方法。

第一选择。将一块思高牌胶带粘在突出的小刺上，然后直接将其拉出来。这适用于扎得不是很深的小刺。

第二选择。如果胶带无法将小刺拉出来，在小刺上喷一团白胶（比如埃尔默牌胶水）或者木胶。等待胶水变干。现在，当你将凝胶剥落时，小刺也会被带出来！

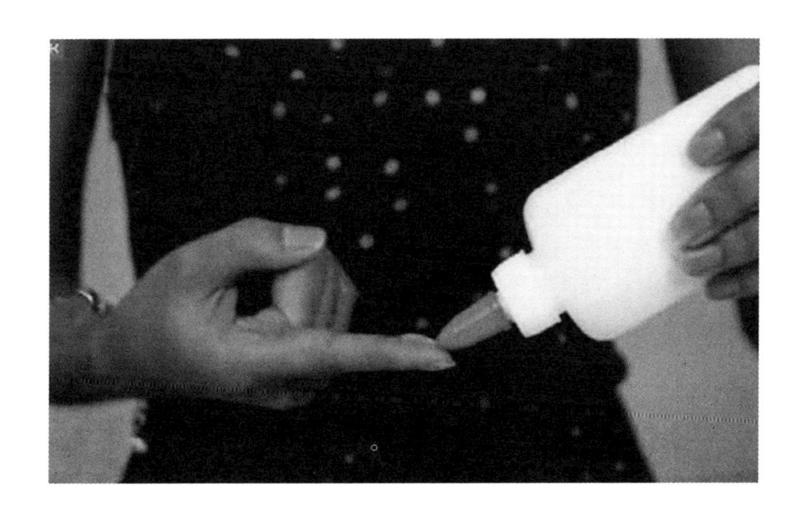

替代方法。如果你手边没有胶带或胶水，至少将手指在温暖的肥皂水中浸泡几分钟。当皮肤皱缩软化时，小刺的端头会变得更加清晰，更容易用镊子甚至手指夹出来。

艾德维尔和泰诺之间的区别

感谢上苍赐予我们止痛药。没有它们，我们的头痛、肌肉痛和其他疼痛就会变得更加……疼痛。

药店货架上摆满了可以缓解疼痛的白色塑料瓶，这些药物可以在没有处方的情况下直接购买。不过，你可能没有意识到，(a) 虽然止痛药有很多品牌名称，但它们实际上只有两种类型，(b) 你可以知道何时使用哪种止痛药。

这些药物的有效成分可以归结为：

NSAID 药物。NSAID 表示“非甾体抗炎药”，你当然知道这一点。重要的是，有三种工作原理相同的NSAID药物：布洛芬（艾德维尔、美林、努普林）、萘普生（Aleve）以及古老而有效的阿司匹林（阿纳辛、拜耳、百服宁、埃克塞德林）。

这些药物可以治疗疼痛、发烧和发炎/肿胀——所以它们（而不是对乙酰氨基酚）适用于运动损伤、痛经、下背痛和关节炎。不要空腹服用。

对乙酰氨基酚。更有名的称呼是“泰诺”和“紧张性头痛埃克塞德林”。对乙酰氨基酚适用于缓解疼痛和发烧；这种药物无法减轻炎症。它的副作用比NSAID更少，对胃和肾的负担更小。

专家的建议是，如果你需要长期服用止痛药，那么二者交换使用是一个不错的选择。你应该用一杯水将这些药物冲下去。如果你喝了超过三杯酒，那么你就不需要使用这两种药物了。此时，“感到没有痛苦”已经具有完全不同的含义了。

完美站姿一步到位的技巧

完美站姿涉及许多内容。挺胸，收腹，舒肩，抬头，臀部放正……你能记住所有这些吗？

幸运的是，有一张图像可以让你的整个身体一下子进入状态：想象一条线从你的胸骨处将你向斜上方拉起。

好了：挺胸，收腹，舒肩，抬头，这些姿势可以同时自动实现。很酷，不是吗？

减掉几磅体重的最简单方式

睡觉。

这是真的，因为同前一天晚上相比，你在早上的体重要轻上几磅。而且，这是在你上厕所之前的体重！

你每次呼出气体时，许多重量会以水蒸气的形式离开你的身体——尤其是当你的卧室比较凉爽时。更多的水以汗液的形式离开你的身体。你可能知道，水是有重量的。

你还会以碳的形式失去更多体重。你知道我们吸入氧气（O2），呼出二氧化碳（CO2）吧？每天晚上，当你呼出气体时，你会失去大约 100 万亿亿个碳原子——相当于大约一磅。因此，许多人每天早上起来第一件事就是称体重。

你可能会提出这样的问题：我们白天不也在呼吸、流汗、排出碳原子吗？

这当然是事实。其实你每天白天也可以像晚上那样降低体重，可惜你多做了两件事情：吃饭和喝水。你之所以能够注意到夜间的减重效果，是因为你在睡觉时停止了饮食。

这也不是绝对的。梦游者的情况可能有所不同。

抽血之前应该知道的事情

如果你在体检时需要抽血，请喝水。

不，不是喝酒——是喝水，或者喝其他饮料。如果你在预定时间大约 30 分钟之前喝很多水，你的血液总量就会得到极大的提高。这样一来，你的静脉就会变得更加明显，刺络医师（给你抽血的人）

就可以迅速而轻松地完成任务，你的抽血体验就不会那么痛苦。

同时，在预定抽血时间之前，保持手臂温暖，事先将手臂放在身体两侧。所有这些都可以将更多血液留存在手臂里，使刺络医师更容易找到血管。——来自玛丽·玛格丽特的建议

如何摆脱腹部脂肪

通常，随着体重的增长，男人的腹部会堆积脂肪，女人的臀部和大腿会堆积脂肪。这是正常的生理现象。

换句话说，数百万人拥有脂肪堆积问题，而且希望摆脱这些部位的脂肪。下面是他们经过数百万次尝试后发现没有效果的事情：

定点减肥。通过仰卧起坐和腹部紧缩，你可以使腹部肌肉只剩下碳纤维，但你的肚子并不会变小。腹部脂肪位于腹肌上方。这是一件很难让人接受的事情，但它是事实：你无法定点减肥。

你只能降低自己的整体重量。随着体重的减轻，腹部脂肪也会变少。（顺便说一句，你的年纪越大，新陈代谢的速度就越慢，减重也就越困难。）

药物。许多公司愿意向你销售可以“燃烧”腹部脂肪的养生片剂或者其他神奇的食物。一些人甚至宣称得到了电视上奥兹医生（Dr. Oz）的认可。

这类物品从未产生过任何效果。

健身器材。媒体上充斥着腹带、振动盘和锻炼视频的广告。所有这些广告都在宣称它们能够使你摆脱腹部脂肪，因为商家知

道，数百万人愿意为某种缩小肚子的魔法付费。

所有这些都无法定点减掉腹部脂肪。(如果它们宣称，你可以通过锻炼身体降低全身的脂肪含量，那么它们是可信的——因为这是消除腹部脂肪的唯一方式。)

应急止痒剂

你可以在药店买到各种止痒膏。

不过，如果你被蚊虫叮咬，或者出现了其他常见的发痒症状，而且近期又没有去药店的打算，你可以在皮肤上涂抹一点止汗药。当止汗药中的锌接触皮肤时，你的发痒症状会奇迹般地消失。

(也可以使用尿布疹乳膏，其原理是相同的；尿布疹乳膏中含有氧化锌。)

绿巨人牌应急冰袋

如果你扭伤了脚踝，碰到了膝盖，或者撞到了脑袋，你的一个第一反应很可能是抓起一个冰袋。干得好。

下面是更好的做法：使用一袋冷冻青豆。这比那种真正的冰袋要便宜得多，而且可以很好地放置在需要敷盖的区域——当它溶解时，你还可以用它来做晚餐。

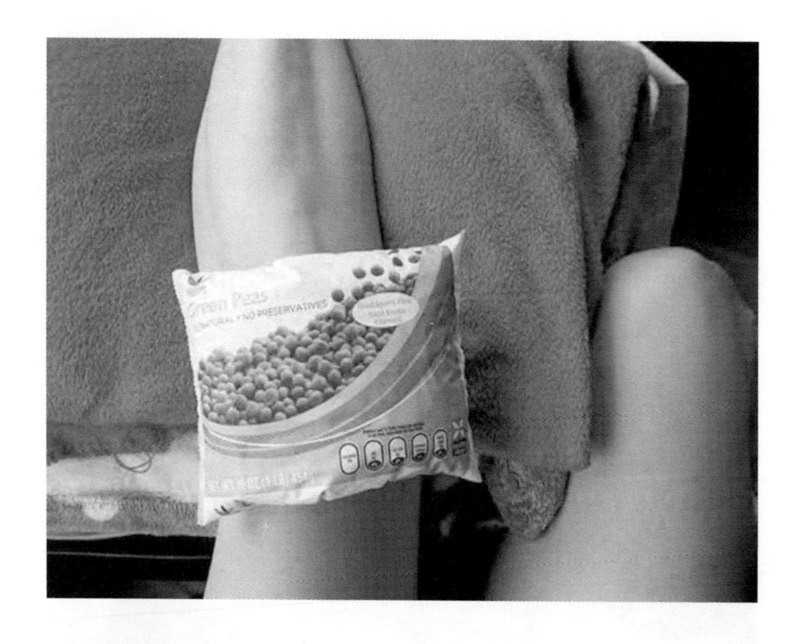

第十一章

社交诀窍

各种技巧和捷径不是无生命物体的专利。人也是有诀窍的。下面是在社交活动中获得最大利益的一些最有用的方法。

记忆名字的终极指导

忘记某人的名字很令人尴尬，不是吗？

如果你一次见到六个人，他们通常会放你一马。不过，如果你只遇到了一两个人，而且他们很重要——忘记他们的名字会让你感到非常恐慌。

记忆名字并不是什么深奥的学问；它主要是一个重不重视的问题。通常，当你和一些人第一次见面时，你会接受许多混乱而模糊的新信息：这些人是谁、你和他们是什么关系、他们如何看待你等。不要忘了，你还需要记住他们的名字。

当你下决心攻克这个难题时，你需要了解记忆某人名字的三个技巧。

最简单的技巧：默默地将这个人的名字重复三遍，最好一边重复一边看着他。“哈里（Harry）、哈里、哈里。”这样，你就在自己的大脑里制造了一个新的神经通道，它可以让你下次更好地回忆起这个人的名字。

更好的技巧：多次大声说出这个人的名字。不要只是说“你好！”——你应该说“很高兴见到你，夏洛特！”然后说：“那么，夏洛特——你为什么要来到冷漠匿名者俱乐部呢？”

如果你能找到一个理由讨论这个人的名字，那就更好了。如果你说“你是斯蒂文（Steven）还是斯蒂芬（Stephen）”或者“埃斯米（Esmé）的米上有重音符号吗”，你可以神奇地将对方的名字牢牢记在心里。

当你的幸福取决于此时：如果你值得花费更多的精力去记忆某人的名字，你应该使用记忆术——根据对方的外貌、衣着、背景、家乡等因素想出一个关联词语。那些几个月后仍然能够记住对方名字的人使用的就是这种方法。

如果对方的名字是罗伯（Rob），而且脸型长得像萝卜，你可以对自己说：“罗伯，萝卜。罗伯，萝卜。”如果对方的名字是克洛伊（Chloe），来自特洛伊，你可以对自己说：“克洛伊来自特洛伊。”你的联想越好笑，你的印象就越深刻。

帮助其他人记忆名字

假设某人被介绍给一群人。这个人真是可怜，在他坐下来吃饭之前，他需要记住五个人的名字！

你还记得吗？上次你还是新人的时候，你无法记住某人的名字，当另一个人叫出这个人的名字时，他也为你提供了另一次机会，你是不是很感激他？

非常好！现在，请你做这个好人。当你和其他人说话时，叫出他们的名字。“我就知道你会这么说，阿诺德（Arnold）！”“别说了，兰德尔（Randall）。”“嘿，菲奥娜（Fiona），能把盐递给我吗？”

这种方法也可以倒过来使用。叫出新人的名字，为其他人提供便利。

每次你这样做时，新成员都会对你感激涕零。——Hitman616

介绍你“应该”能叫出名字的两个人见面

如果你需要介绍你认识的一个人（比如你的配偶）和你忘记名字的一个人见面，你只有一种解决办法：巧妙措词。

对你忘记名字的人说——“嘿，你见过格特鲁德（Gertrude）吗？”

此时，如果你的运气比较好，两个被引见的人就会自动完成对话。格特鲁德说：“你好！”

被你忘记名字的人说：“嗨。我叫埃斯米。”

现在你知道她的名字了！

（如果格特鲁德够聪明，她就会说：“埃斯米的米上有重音符号吗？”）

有人去世时不应该说什么

你希望做个好人。你希望起到帮助作用。你希望帮忙安慰悲伤的配偶、父母、孩子。

不过，你能说的话并不多——而且其中许多并不能起到任何安慰作用。一些话语反而会帮倒忙。例如：

“她至少还算长寿。”这根本算不上安慰，因此有点麻木不仁的感觉。

“她现在住在了更好的地方”或者“上帝的工作是人类无法理解的。”如果悲伤的人不相信天堂呢？在这种情况下，这只是一句空洞的话语。而且，这并不能在任何程度上减轻对方的丧亲之痛。

“幸好你还有其他孩子。”不能这么说。

“我能体会到你的感觉。”不，你真的体会不到。逝去的并不是你的亲人，这是一种非常傲慢的说法。

“请坚强，你的孩子需要你。”哦，很好。你希望悲伤的人想起她的孩子，然后变得更加痛苦吗？你无法止住她的情绪，这样说是没有用的。

所以，如果你不应该使用上面这些常见的说法，你应该说什么呢？

说出你的感觉，以及你希望做的事情。让对方感觉更好，而不是更糟糕：

“我对你的不幸深表遗憾。”这是事实，不是吗？这样说是不会错的。

“我来是想尽我所能提供帮助。”当你刚刚失去你所亲近的人时，你感到非常茫然。如果有人能够提供帮助，这将是一种极大的安慰——尤其是具体的帮助，比如“嘿，我一会儿要去杂货店。需要我带点什么吗？”

“我还记得她曾经……” 一段短暂而快乐的回忆。人们往往认为他们不应该提及逝者；实际上，如果每个人都在回避这个话题，对方会感到很奇怪，而且非常伤心。请畅所欲言吧。

“你还好吗？” 不要让对方感觉你在询问一个汇报工作的下属。你要让对方感觉你的确想知道答案，感觉你真的关心他，感觉你有耐心倾听对方的回答。

不过，通常来说，最有意义、最具同情心的动作就是沉默。露面本身就是一种无声的语言，一个拥抱，一个深情的眼神，紧握的双手，陪在悲伤的人身边，随时听他谈起自己想说的话题。

接孩子的“陌生人暗号”

假设你家孩子参加的某个活动结束了，你需要接孩子——但你正在加班。你可以派一个值得信赖的朋友、邻居或同事去接她——但你多年来一直在告诉孩子，永远不要乘坐陌生人的车。你该怎么办?

你应该提前考虑到这种情况。教给孩子一个暗号或暗语：“柠檬冰淇淋”“巴尼的内裤”，或者其他任何暗号。

然后，当你需要让另外一个人去接孩子时，你可以让他用这个暗号介绍自己，这样你的孩子就会知道他是你所委派的代表，不是讨厌的坏蛋。

第十二章

无效的生活窍门

如果你正在写一本关于基本生活技巧的书，你可能需要在网上做一些搜索。

你会发现数千种令人震惊的“生活窍门”。生活中竟然隐藏着如此众多的魔术！“太酷了！我怎么不知道？”它们太吸引人了！我们宁愿相信它们是真的，因此我们不断地转发这些窍门。

不过，如果你想要写一本关于生活技巧的书，你当然需要对这些窍门进行试验，以确保它们正常工作。然后，你很快就会发现，许多方法是骗人的。它们说得天花乱坠，但是并没有任何效果。

为了节省你的时间，下面列出了你完全不需要考虑的一些误导性说法——以及谷歌所统计的记录这些方法的网页数量。

要想检验电池，看看它能否弹起来（1060000 个结果）

从 2 米的高度将电池扔下来。如果电池直接掉在地上，说明它是好的。如果电池首先跳几下，说明它没电了。

这难道不是很好的方法吗？但它是无效的。(你可以注意到，在这种技巧的 YouTube 视频中，他们使用了不同品牌的电池——这才是产生跳跃差异的原因，它和电池的好坏没有关系。)

烹饪之前冲洗培根（533000 个结果）

根据这种独特的说法，如果你先在冷水中冲洗培根，然后再去烹饪，培根会缩小 50%。

这种方法是有效的——前提是你在做梦。

用浏览器的隐私模式购买机票（54800000 个结果）

你可以省钱，因为航空公司的网站可以判断出你是不是回头客。（他们将一个 cookie——一个小型偏好文件——放在了你的计算机里，以识别你的身份。）所以，如果你使用浏览器的隐私或无痕模式，网站将无法找到 cookie，从而认为你是新客户，值得他们提供优惠价格。

问题是，如果你进行试验，你就会发现，这种方法不会改变票价。

要想阻止易拉罐溢出泡沫，朝它的顶部敲打几次（525000 个结果）

如果你把碳酸饮料易拉罐摇晃得太厉害，那么唯一能让它平静下来的就是时间。亲自试试吧：摇晃两瓶易拉罐，敲打其中一个，然后打开两瓶易拉罐。你会发现，敲打起不到任何作用。

要想更快地在冷柜里冷却汽水，将其用湿纸巾包起来（381000 个结果）

这种做法怎么可能有效呢？说起来，它还会延长汽水的冷却时间，因为位于冰点温度之上的水会阻碍冷柜里的冷空气接触易拉罐表面。

要想让壶里的水更快地流出来，你可以将壶倒过来，并且摇晃它（2180000 个结果）

听起来很有趣，但是科学并不站在你这一边。不管你摇晃牛奶壶还是站在那里任其自流，要想清空 1 加仑[①] 的牛奶壶，你都需要 13 秒钟的时间。

如果你在点蜡烛之前将其放在冷柜里冷冻至少 3 小时，蜡烛可以燃烧更长的时间（365000 个结果）

不是的。这没有任何效果——而且你可能折断蜡烛。

---

① 1 加仑≈ 3.79 升。——译者注

致 谢

你已经翻到了本书的结尾。希望你能至少记住其中的几个巧妙的方法。希望你能够带着全新的自信继续前进——或者至少不要浪费太多的时间、金钱和精力。

下面是为此书的成书作出贡献的人，与这些人合作是一件令人愉快的事情：

在弗拉提伦图书公司：贾丝明·福斯蒂诺（Jasmine Faustino）对此书进行了润色；出版人鲍勃·米勒（Bob Miller）拥有一流的品味，将“你以为地球人都知道的事情”从一本书扩展成了一个系列。

在莱文·格林伯格·罗斯坦文稿代理机构：感谢我的朋友、世界上最优秀的图书代理人吉姆·莱文（Jim Levine）。

在TED：克里斯·安德森（Chris Anderson）和布鲁诺·朱萨尼（Bruno Giussani）邀请我在2013年的会议上发表演讲。我的主题听起来可能有些耳熟：“你误以为人人都知道的10个基本科技知识”。

在这项任务看上去过于繁重、令人丧失信心时，简·卡彭特和约翰·魏恩（John Wynne）伸出了援手，在摄影方面提供了帮助。还有朱莉·范·库伦（Julie Van Keuren），愿上帝祝福她，她设计了本书的排版，并在我对本书内容进行调整时心甘情愿地对排版进行了调整。

在这本书的编写过程中，我在雅虎科技公司的同事简·卡彭特和辛迪·洛夫以及我那些聪明的孩子们（凯尔、蒂亚、杰夫、马克斯以及法利）为我提供了支持和无尽的耐心。

最重要的是，我应该感谢我那美丽的新娘尼基。在她的关爱和鼓励下，这个项目从“你知道我未来应该写点什么吗”的问题最终演变成了你手上的这本书。

出版后记

哲人尝言，要倒掉你鞋子里的沙粒。生活中的琐事很多，一不小心就变成了你鞋子里的沙粒，难免也会让你戏谑地叹息：“生活真是艰难。”这世间或许有很多大事，不过左右成败的往往是日常生活中的琐事。提高日常生活的幸福感，至少不要阴沟里翻船，可以作为每一个人的“一个小目标”。

大卫·波格从找寻便利生活的小技巧的工作中体会到了乐趣，他快乐地在社交媒体和个人专栏中进行分享，还在视频中亲自展示如何运用这些小技巧。这些不起眼的小事，居然在读者中引起了强烈的反响，可知必有很多读者品味过“生活的辛酸”，后悔自己没有早一点掌握这些小窍门。

我们出版的这本小册子，完整地呈现了“网红”大卫·波格提供的生活窍门，它在美国是畅销书，有很多读者评论说它“有趣”“堪比黑客的技巧”“很棒的想法”等，希望它也给你带来了这样的阅读体验。

除了本书之外，我们还引进了波格先生的另一本口碑之作，两本书组成一套，希望能便利读者的日常生活。除此之外，我司出版的《日常生活中的思维导图》《故事思维》《内向者的沟通圣经》等书，也都是广受欢迎的好书，敬请关注。

服务热线：133-6631-2326　188-1142-1266

服务信箱：reader@hinabook.com

后浪出版公司

2017年4月

图书在版编目（CIP）数据

那些你以为地球人都知道的事情.生活篇/(美)大卫·波格著；刘清山译.--南昌：江西人民出版社，2017.10

ISBN 978-7-210-09572-9

Ⅰ.①那… Ⅱ.①大… ②刘… Ⅲ.①生活－知识 Ⅳ.①TS976.3

中国版本图书馆CIP数据核字(2017)第164728号

POGUE'S BASICS:LIFE

版权登记号：14-2017-0350

那些你以为地球人都知道的事情：生活篇

作者：[美]大卫·波格

译者：刘清山

责任编辑：冯雪松　胡小丽　特约编辑：高龙柱　筹划出版：银杏树下

出版统筹：吴兴元　营销推广：ONEBOOK　装帧制造：墨白空间

出版发行：江西人民出版社　印刷：北京中科印刷有限公司

889毫米×1194毫米　1/32　7.25印张　字数156千字

2017年10月第1版　2017年10月第1次印刷

ISBN 978-7-210-09572-9

定价：36.00元

赣版权登字-01-2017-550

后浪出版咨询(北京)有限责任公司常年法律顾问：北京大成律师事务所
周天晖 copyright@hinabook.com

图书在版编目（CIP）数据

ISBN 978-7-210-09572-9